教育部人文社会科学研究青年基金项目(16 YJC 870006)资助

面向智能任务的专家遴选
与推荐研究

靳 健 耿 骞 陈 翀 著

科学出版社
北 京

内 容 简 介

本书对智能任务的专家遴选与推荐问题进行了较为深入、全面的研究，重点对专家兴趣建模、面向主题覆盖度与权威度的评审专家推荐模型、融合权威度和兴趣趋势因素的评审专家推荐、基于利益冲突和回避原则的评审专家分配、融合主题重要性的评审组长及评审组员推荐模型等问题进行了研究。给出了多个不同问题场景下的专家推荐模型和算法，并通过大规模实验，利用多种指标说明了不同模型的可靠性。

本书适用于高年级本科生、研究生及对专家推荐领域感兴趣的研究人员和工程开发人员等。

图书在版编目(CIP)数据

面向智能任务的专家遴选与推荐研究/靳健，耿骞，陈翀著. —北京：科学出版社，2019.11
ISBN 978-7-03-061218-2

Ⅰ.①面⋯ Ⅱ.①靳⋯ ②耿⋯ ③陈⋯ Ⅲ.①人工智能-研究 Ⅳ.①TP18

中国版本图书馆 CIP 数据核字(2019)第 092645 号

责任编辑：阚 瑞/责任校对：王晓茜
责任印制：吴兆东/封面设计：迷底书装

科 学 出 版 社 出版
北京东黄城根北街 16 号
邮政编码：100717
http://www.sciencep.com

北京中石油彩色印刷有限责任公司 印刷
科学出版社发行 各地新华书店经销
*
2019 年 11 月第 一 版 开本：720×1000 B5
2020 年 1 月第二次印刷 印张：12 1/2
字数：245 000

定价：109.00 元
(如有印装质量问题，我社负责调换)

前　　言

同行评议是典型的智能任务，同其他智能型任务一样，它需要遴选与推荐专门人才，即专家来承担相应的工作。传统的同行评议专家一般是根据被评议对象（项目、论文和人员等）的评议需求进行人工挑选，这往往会造成选择过程的主观性、随机性及结果的不一致性、不稳定性等问题，从而影响评议质量。深度挖掘专家的特征，并通过科学、准确的程式化方法推荐专家，将影响包括同行评议在内的各类以专家工作为主的智能型任务的实施和效果。因此，如何高效准确地遴选与推荐智能任务承担者已逐渐成为学术领域关注的一个研究问题。从近年的研究看，越来越多的学者开始加入到专家发现与推荐的基础理论、支撑技术等研究中。但是，在实际的专家推荐中，面向待评审论文的专家匹配度的衡量、专家权威度的描述、专家兴趣的刻画、潜在利益冲突的规避等问题仍然困扰着很多研究和技术开发人员，本书即是对这些尚未很好解决的理论与实践问题进行研究。

本书系统梳理了该领域的研究现状，在全面分析智能任务专家推荐相关原理的基础上，以面向论文评审的专家推荐为例，考虑了不同角度的影响因素，对专家遴选与推荐中的关键问题进行了较为全面、深入的研究，给出了多个不同问题场景下的专家推荐模型和算法，并通过大规模实验，利用多种指标说明了不同模型的可靠性。

本书共分 11 章，各部分具体内容如下。

第 1 章介绍了专家遴选和推荐的研究背景及面临的挑战，明确了专家推荐的定义及所需要解决的问题。

第 2 章从经典信息检索模型、语言模型、主题模型、网络模型及多特征相结合的模型等几个方面对评审专家推荐相关研究和应用做出了介绍。

第 3 章描述了本书中将要使用的数据来源及数据预处理方法，并对本书的技术路线及研究背景按逻辑顺序进行了解释说明。

第 4 章利用作者主题模型探究多学科知识结构，通过主题与文献、词汇和作者间的概率分布关系建立语义关系，分析主题间关联。

第 5 章从作者、期刊和论文三个方面分析影响论文被引的因素，并使用多种分类算法构建了预测专家所发文章未来被引的模型。实验发现，GBDT、XGBoost和随机森林的预测能力较强，且预测的时间段越长，效果也就相对越好。

第 6 章构建了融合主题特征与时间特征的权威度算法，分析专家对待评审论文主题的权威度，在此基础上，提出融合主题覆盖度和专家权威度的专家推荐框架，为待评审论文推荐合适的专家。

第 7 章提出了一种融合权威度和兴趣趋势的模型。该模型分析了专家针对待评审论文主题的权威度和兴趣演化趋势，构建了一个多约束条件下的整数优化问题，从而为待评审论文推荐合适的评审专家组。

第 8 章考虑了当前跨学科研究的趋势，构建了 author subject topic（AST）模型，对专家兴趣进行建模。实验发现，该模型在有关专家推荐的不同评测指标方面均取得了较好的效果。

第 9 章利用学者和科研机构的学术网络估计待评审论文作者与专家间的潜在利益冲突关系，并将审稿论文推荐转化为一个考虑了最小化利益冲突程度及最大化主题匹配程度的最小花费最大流问题，以推荐合适的专家。

第 10 章依据主题在学科中出现的频率，分析了待评审论文中主题的重要性，使主题可以更好地表达待评审论文或专家专长，并在此基础上提出一种为多篇待审论文推荐评审组长和多名评审专家的模型。

第 11 章对全书内容进行了总结，阐述了专家推荐领域在工程实现中需要注意的问题，指出了当前专家推荐问题的局限性，并对未来工作做出展望。

本书是作者及所带领的学术团队共同研究并完成的成果。其中，景然、牟海坤、颜思行、杨海慈、张蕎、赵千等先后参加了有关方面的研究。本书系教育部人文社会科学研究青年基金项目"面向论文评审专家推荐的兴趣变化挖掘与回避机制生成的研究"（编号：16YJC870006）研究成果之一。

由于作者学识有限，书中难免有所疏漏，请读者朋友不吝赐教。

作　者

2018 年 12 月

目　　录

第1章 绪　论

1.1　研　究　背　景

1.1.1　发展历程

专家推荐，通常是指在开放协作环境中，为特定任务找到有胜任能力的专家。这些特定任务，不仅指某特定问题，也可能指为特定人员安排某一合适的角色或者工作内容。例如，学术会议的组织者需要为论文寻找评审专家，公司为某些岗位需要寻找合适的员工，企业需要为某些问题的解决寻找咨询公司等。然而，这一过程若仅仅依靠人力完成，往往是费时费力的。在信息科学领域，人工智能、决策科学等技术的最新进展将有助于准确识别不同任务的需求，使得高效地推荐遴选出合适的专家成为可能。基于这些技术开发的自动推荐专家系统将提高协作效率并减少指派工作的人为因素的影响，在一定程度上确保了任务分配或专家遴选等过程的公平公正。

Moreira 等将专家推荐与发现描述为输入包含一个或者多个主题信息的任务信息，返回一个与输入匹配的序化的专家列表(Moreira, 2013)。与此相关的研究可以追溯到 20 世纪 60 年代在图书情报领域中有关对专家参考咨询方面的研究探索(Menzel, 1996)。一些研究表明，复杂的信息查询策略依赖于多种信息来源，其中专家的知识必不可少(Rosenberg, 1967)。基于上述共识，人们普遍认为专家在一个组织中具有重大的价值，且高效利用和分享专家知识可以为组织产生巨大的效益(Davenport 1998; Wiig, 1997)。进入 20 世纪 90 年代后，学术界开始关注如何构造信息系统来帮助组织和查找相关的专家信息。早期的研究主要关注如何收集分散的专家信息以形成专家知识库，因而形成的系统或工具主要包括黄页、专家管理系统、专家定位系统等。例如，早期较为出名的专家信息系统有：CONNEX、KSMS、SpuD、SAGE People Finder 等。然而，这些系统主要依靠人工方式构造专家的结构化信息，并对专家进行甄选。

随着信息资源的快速增长，人工遴选的方式已经不适合从海量的结构化、非结构化数据中寻找合适的专家。人们倾向于利用信息检索、机器学习等技术从海量专家数据中发掘出有用的信息，以有针对性地为不同任务做出推荐，并期望能够提高推荐的效率和精度。一些早期建立的自动化推荐系统主要集中在少数几个专业领域，并且这些系统大都依赖于专家之间的邮件往来，因为邮件信息可以较为充分反映专家的兴趣、目标等信息。

正是由于早期专家推荐系统在应用领域及可用信息类型等方面的不足，学术界和工业界都希望分析利用专家不同方面的信息，并使得专家推荐系统不再受限于某些特定领域，以提高其推荐效果。其中，一个较典型的系统名为P@noptic(Craswell, 2001)。在 P@noptic 系统中，输入为任意一个检索语句，输出为与检索内容相关的一系列专家列表。受到 P@noptic 系统的启发，2005~2008年，在文本检索会议 TREC(Text REtrieval Conference)中的 Enterprise Track 增加了专家发现的相关内容，并提供了一个包括数据集、评测方法、测试集合等内容的公共平台，以便于算法模型的比较和评测。这极大地推动了专家发现在模型、算法、评测方面的成果产出(Soboroff, 2008；Bailey, 2007; Balog, 2007c; Soboroff, 2006; Craswell, 2005)，并促进相关领域的发展。在此基础上，从 2008 年后，TREC鼓励学术界从事有关实体检索方面的研究。该方面研究的实质是对专家发现这一领域从内涵和外延上的一个扩充。具体地说，相关研究可以总结为如下几个主题(Balog, 2012)。

1)发现相似专家

正如很多 web 搜索引擎提供"发现相似页面"一样，发现相似专家也是专家发现中一个非常重要的应用。这种"以人找人"的策略，不仅极大减轻人们寻找专家的负担，提高效率，也可以辅助专家检索来提升检索效果。

2)社会网络中的专家发现

在此主题中，专家的定义较为宽泛，并将专家解释为：在某领域具有某种能力的人。例如，随着社会网络的飞速发展，某些资深博主、论坛的资深用户、网络问答社区的资深用户等都在其领域或者社区内实际担负着专家的职能。因此，如何在社会网络中快速发现领域专家，不仅可以提高信息流转的准确性和效率，更能够提高用户的满意度。

3)专家匹配

所谓专家匹配，是指在一项或者多项任务的前提下，能够准确找到一个或者一组专家来完成特定任务。例如，论文评审专家的遴选工作、产品或者设计的分配工作等。考虑到现实任务的复杂性，在匹配专家时，专家的工作强度、专家之间的合作关系、专家之间的多样性等，都是需要充分考虑的问题。

1.1.2　需要专家推荐的任务

对于某些传统任务，一般不需要专业知识，只需要人的基本常识就可完成。例如，在 Amazon Mechanical Turk 和 CrowdFlower 平台中存在不少有关图片标注、地理信息标注、语义理解等任务。这些任务通常可以分解为一些更加细小的任务，每一部分细小的任务可以让不同的用户来完成。此外，这些任务的答案相对都比较简单，并且不少任务都有明确的对错或者有限的选项供用户选择。因而，在相关研究中(Roy, 2015)，上述任务被称为小型任务。

与上述任务不同，智能任务是指需要在一定程度上运用人的智慧和专业知识才能完成的创造性劳动。在相关研究中(Schmitz, 2011; Haas, 2015)，将其称为大型任务或者专家众包。例如，文章的撰写、肖像的绘制、决策的制定、产品的设计等。与小型任务相比：大型任务难以进一步分解为一系列更加细小的任务(如一篇文章的撰写任务分解到句子的层次)，因而任务难度相对较高；智能任务依赖于专家自身的不同知识背景，并且任务完成的情况更具有主观性和开放性，难以有统一的标准对任务的完成质量做出定量评测。基于上述两点原因，专家的遴选更需要考虑其推荐结果的合理性。

一个比较直接的智能任务是学术论文评审专家的推荐任务。在论文评审专家推荐工作中，一般而言需要用到论文的内容信息，如论文的全文或者摘要。并且，同行评议是一项十分严谨的学术活动，会考虑更多的实际情况，如专家的工作量、专家研究兴趣的迁移演变等。因此，在论文评审专家推荐任务中，将采用专家兴趣建模的方式，首先尽量深度挖掘专家潜在的研究兴趣，然后在此基础上推荐出相应的专家，以求达到更好的推荐效果。同时，论文评审专家推荐工作本身也具有很强的现实意义，在传统的专家筛选过程中，一般是由期刊编辑根据作者提供的论文来人工挑选专家，然而，随着学术文献的激增，这势必会对论文评审带来一定的压力。同时，当前学科交叉现象越来越普遍，一个专家的研究兴趣可能横跨多个学科，因此含有这几种情况：①仅凭人工指派专家的方式，需要期刊编辑预先审读文献，效率不高；②经常有评审专家拿到的待评审文献与其研究兴趣不能完全匹配；③仅凭人工指派的方式偏主观性并且缺乏公平和科学性。基于上述考虑，自动推荐出一组论文评审专家来完成评审工作可以在减轻工作人员负担的同时，提高推荐效果的准确性与合理性。

专家推荐优化模型在诸多领域均存在应用潜力，例如，通过学术关系帮助寻找潜在的学术合作者，智能侦测缺失的学术合作经历，将评审分配方法应用于期刊评审专家推荐、基金项目评审委员推荐、组建研究项目的团队成员推荐等。并且，专家推荐优化模型还可以拓展应用至更多推荐情景，如为课程推荐授课老师、为特定案件推荐律师、为病例推荐的医生等。

然而，当前任务推荐面临的问题为：任务发起者在任务前期往往不完全清楚谁更胜任特定任务，而参与者可能也需要耗费一定的精力和时间来寻找合适的任务，这就带来任务管理和质量上的不确定性(Geiger, 2014；Yuen, 2012)。因此，如何利用信息技术实现任务和专家的自动匹配，同时提高推荐的准确度及任务完成的质量和效率将具有很强的现实意义。

1.2　面临的挑战

如前所述,专家的定义可能较为宽泛。同时,专家的知识可能更多的通过"隐性知识"体现。与结构化的、可描述的"显性知识"相反,"隐性知识"多存在于专家的脑海中,其他人很难对这部分知识做出整理。基于上述原因,专家推荐与传统的文档检索有诸多的不同,这使得专家推荐面临新的挑战,具体包括如下内容。

(1)某些智能任务的完成对候选专家提出较高的要求。例如,随着跨学科研究成为趋势,一篇论文可能涉及到多个学科的内容,这就为论文评审智能地遴选同行专家工作提出了新的要求。为此,一项基本的研究就是需要查明多学科的知识结构。

(2)与文档检索不同,候选专家很难直接表示为一个可检索对象。因此,专家推荐的一个主要挑战是如何表示专家的知识领域。例如,一个比较直接的思路是利用专家所发表文章的相关信息、专家间的合作及引用等网络关系描述其领域知识。

(3)专家的信息来源是非同质化的,并且不同来源的信息之间的重要度也并不一致。例如,候选专家的名字在一篇普通的学术论文中被提到和在一篇重要的学术论文中被提到是不同的,这两种信息应有不同的权重设置。因此,区分不同的信息并为不同信息设置权重是专家推荐亟待解决的。

(4)同时,专家所发表的文章既可以表示其知识领域,又可以表示为专家的研究兴趣。但是,专家的兴趣可能会随时间发生变化。如何合理的估计专家与所发表文章间的联系,描述专家的兴趣动态变化,使其发表文章的相关信息可以合理地表示出该专家的领域兴趣也将是专家推荐中一个十分重要的研究主题。

(5)此外, 为进一步提高专家遴选的效果,如何有效地利用多学科的知识结构设计高效的推荐算法成为另一个重要的挑战。

上述几个挑战各自不同又相互联系,本书将在后面的章节中把几个相关的挑战转化为具体的研究问题,并给出较全面的分析。

1.3　问　题　定　义

基于 1.2 节提出的挑战,本节将给出专家推荐的问题定义。在专家任务推荐中,主要需考虑专家 A、专家特征 D 和任务 T 三种因素。然后,将任务 T 形式化为一个或一系列检索主题,而专家特征 D 以专家在该检索主题下的经验来描述,即专家发表的文章来表示。

因此，任务推荐可以定义为：给定一个或一系列检索主题 T，构造某种算法，利用专家在该检索主题下的经验 D，对专家 A 做出排序，可形式为 $p(A|T, D)$，如图 1-1 所示。

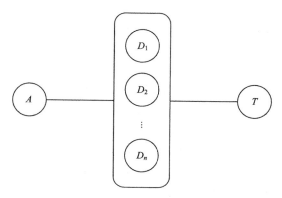

图 1-1　专家、文档和查询主题之间的关系图示

基于上述定义，在本书中，需要解决以下三个问题。

1）如何将候选专家表示为可检索的对象

与传统的文档检索不同，由于专家不能直接检索，因此在专家任务推荐中，首先需要将专家表示为可检索的对象。当前的研究主要基于两种思想：其一是基于"专家特征"表示专家的方法（Balog, 2006），即利用如往来的电子邮件、专家发表的文章等文档信息，将其表示成专家知识或者兴趣，然后再对专家做出排序；其二是基于"文档特征"的方法（Petkova, 2008），与"专家特征"对专家的知识背景进行建模不同，基于"文档特征"的方式首先利用检索主题获取与其相关的文档，然而根据相关文档与候选专家的关联，最终获得候选专家的排名。因此，基于"文档特征"的方式本质上是将专家由一系列不同权重的文档来进行表示。根据不同任务场景的要求，本书将对这两种方式对专家做出表示，并将做出有效性验证。

2）哪些特征信息可用来表示专家研究兴趣

专家的研究兴趣建模将有利于帮助更好的挖掘专家潜在的研究兴趣，常用的包括专家的组织信息等个人特征、一些经典的学术计量指标以及专家的社会关系特征等（Tang, 2008；Ehrlich, 2007；Fu, 2007；Li, 2007）。然而，在智能任务的专家遴选与推荐中，分析文档内容是获取候选专家研究兴趣的主要途径。例如，专家某些非常专指的研究兴趣（如机器学习领域,学者周志华在多标签学习方面有很高影响力）难以通过传统计量的方式（如 H 指数，发文量等）获得。并且，无法在海量的专家数据中依靠人工来逐一识别专家的研究兴趣。因此，如果能够利用信息技术，自动的获取专家的研究兴趣，则在很大程度上减轻了人力成本，提高了工作效率。根据智能型任务的特点，专家的文档特征仍然是本书的研究重点，在兼顾文档内容的同时，后续研究中将会引入专家的其他特征信息来辅助完成专家推荐任务。

3）如何将查询主题同候选专家联系起来

由于广泛存在的"信息不对称"，以及人工指派专家过程中存在的一些缺陷，经常存在专家与任务之间不匹配问题。这不仅打击了专家完成任务的积极性，更可能导致推荐出的专家因能力不当而影响任务的完成。因此，在专家任务推荐中，最大的挑战来源于如何构建有效的方法使候选专家与查询主题相联系。本书将依据查询主题与专家的紧密程度研究专家的自动推荐方法，为特定任务给出可供参考的专家列表，辅助任务管理者减轻甄选专家的人工成本，提高推荐工作的效率和准确程度。例如，如果一个候选专家与查询主题之间的联系越紧密，则假设该候选专家在这个查询主题方面的权威度越高。

1.4　专家推荐的两种模式

本书对专家推荐做出了更为详细的划分，分为专家检索和专家兴趣建模两种不同任务类型，其中专家检索来源于传统的文档检索，其针对的问题是在某一主题下谁是合适的专家。Craswell 等在 2005 年将专家检索定义为：给定一个查询主题，给出数据集本主题下的专家列表（Craswell, 2005）。而 Balog 于 2007 年在一篇国际人工智能联合会议（International Joint Conference on Artificial Intelligence, IJCAI）论文中将专家兴趣建模针对于解决"某个专家所具有的特征主题有哪些"（Balog, 2007b）。根据上述定义，假设候选专家 e 的特征主题 Profile(e) 可由一个向量来表示，其中向量中第 i 个元素表示知识领域 k_i, score(e, k_i) 表示候选专家在给定领域中的知识度量，则

$$Profile(e) = \langle score(e, k_1), score(e, k_2), \cdots, score(e, k_n) \rangle \qquad (1-1)$$

专家检索与专家兴趣建模是专家推荐任务中针对不同的目的所采用的两种不同的方式。这里利用能力矩阵（Becerra-Fernandez, 2006）来对专家检索和专家兴趣建模进行解释，如表 1-1 所示。其中行表示专家，列表示知识领域，单元格中填充小黑点表示专家在某一知识领域内有相应能力（可以是布尔类型，也可用具体数值表示）。在能力矩阵中，专家检索可理解为在给定一个列标题下（即给定某一知识领域），对列标题下的内容进行填充。而专家兴趣建模与之相反，是在给定一个行标题下（即某一专家），对行标题下的内容进行填充。最终，专家检索和专家兴趣建模都归结为计算单元格中的权值 score(e, k_i)。

表 1-1 专家能力矩阵

领域 专家	1	2	3	...	N
1	●	●			●
2		●	●		●
3	●				
⋮					
M	●		●		

基于两种任务模式的不同特点，因此也有各自的适用场景(对比见表 1-2)。专家检索更适合处理传统信息检索问题，即信息需求明确、简单，且要求结果与需求精确匹配的任务，如在一些专家系统中，利用某些检索项检索相关专家。当专家与文档的关系不明确时，采用专家检索方式相比于专家兴趣建模一般能取得更好的效果，而当输入信息较为模糊、复杂，且对输出结果不要求精确匹配时，则利用专家兴趣建模方式更为合理。同时，专家检索与专家兴趣建模并不是相互对立的，两者只是专家推荐在不同任务目标下采用的不同方式。

表 1-2 专家检索与专家兴趣建模的比较

	输入	输出	专家与文档关系	对算法要求
专家检索	一个或 n 个较明确的检索项	给定主题下的专家匹配列表	明确或者模糊	利用经典的信息检索技术实现检索项与文档之间的精确匹配，如语言模型等方法
专家兴趣建模	输入包含一系列不同主题，内容较复杂或不明确	关于候选专家的兴趣	有明确的从属关系	利用专家的文档信息，将专家映射到概念结构，如聚类、主题模型等方法

1.5 本书的研究内容及组织结构

1.5.1 研究内容

本书将以面向论文评审这一典型智能任务为例，具体讨论专家遴选与推荐的相关方法。在论文评审和基金遴选等学术活动中，常需要邀请相关领域的专家，并针对待评审论文或基金所涉及该领域的某项科学研究做出科学评价，这一过程通常称之为同行评议。同行评议的关键在于如何将待评审论文合理地、公平地分配给学术会议的评审委员。同行评议是评价科学研究内在价值的重要方法，有着广泛应用，其评价结果往往作为决策的重要依据(刘明，2003)。而评审专家的遴选与推荐是同行评议过程中的关键步骤,对于提高科学研究的精确性、透明性和实用性等方面起着重要作用(徐志英, 2014; 陈媛, 2009)。一个典型的评审如图 1-2 所示。

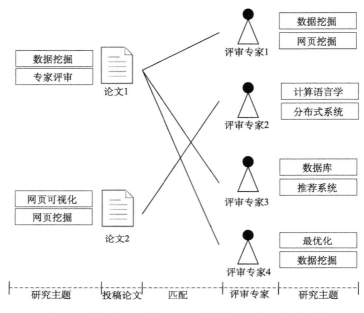

图 1-2　根据研究主题为论文分配评审专家的典型流程

　　但是,一篇论文可能涉及多个学科的内容,人工指派专家的难度加大并容易缺乏公平公正性。而且,随着各学科分支的精细化和研究内容的多样性,传统人工指定评审专家的方式在效率和科学性上暴露了诸多弊端,例如,在为待评审论文选择合适的专家之前,需要对专家和待评审论文有较深入的了解,才能保证所挑选的专家是最合适的。但随着专家数量和投稿数量的增长,以及专家研究内容的多样性和精细化,深入了解专家的研究背景,为待评审论文筛选合适专家的工作量也越来越大;由于编辑个人知识的局限性,其指定的专家所擅长的领域很有可能与待评审论文的研究内容不匹配,从而造成审稿结果出现偏差;同时,跨学科研究已成为当前学术界的趋势,即一篇论文可能涉及到多个学科的内容。而在实际专家指派时还需要考虑几方面的问题,以合理的分配评审专家,如图 1-3 所示。

　　这些问题具体为:①待评审论文的研究主题与评审专家的研究背景、评审意愿应当尽可能地相似;②评审中可能还需要包含不同层次的专家(资历较深的评审专家及评审组员)、投稿作者与评审专家之间不存在利益关系;③评审分配还需要满足一些客观的条件,例如,每一篇待评审论文必须有固定数量的评审专家给出评审意见,每位评审专家的工作量必须在合理的范围等;④此外,在考虑主题匹配的基础上，还需要考虑评审过程的公平性，例如，待评审论文的作者与被分配的评审专家之间不能存在利益冲突，即在学术科研评审中，应尽量避免待评审论文作者与评审专家之间的学术合作合著关系、同事关系及同学关系、学生导师关系等。

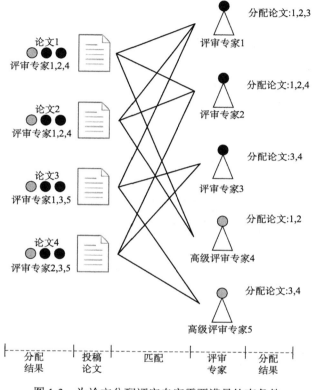

图 1-3 为论文分配评审专家需要满足约束条件

当前人工指派专家的弊端及评审专家分配中一些实际问题都使得为论文指派合适专家的难度越来越大。因此，如何分析这些条件和限制，将评审专家的分配理解为满足多个限制条件下的最优化问题，利用信息技术实现评审活动与专家的自动匹配，在满足某些约束条件下，找到最合理的、最优的专家对论文的分配方案，以提高推荐的准确度、评审任务完成的质量和效率，是一项具有很强现实意义的研究内容。

1.5.2 组织结构

本书主要关注科学研究论文的评审专家分配过程，并重点分析面向论文评审的专家遴选与推荐活动中存在的基本问题，包括多学科知识结构的分析、待评审论文中各查询主题的重要性分析、查询主题的充分覆盖与候选专家权威度分析、专家兴趣建模、融合跨学科知识结构的专家兴趣建模等。为此，本书将在后面几章中针对这些基本问题逐一做出分析。具体安排如下。

(1)第 2 章从经典信息检索模型、语言模型、主题模型、网络模型及多特征相结合的模型等几个方面对评审专家推荐相关研究和应用进行了介绍。

(2)第 3 章首先描述了后面几章中将要使用的数据来源及数据预处理方法，然后对本书的技术路线及研究背景按逻辑顺序进行了解释说明。

(3)第 4 章利用作者主题模型(author topic, AT)探究多学科知识结构，将知识挖掘与主题分析有效地结合，从文献集合提取主题，并将其作为文献分析的计量单位。然后，通过文献与主题分布概率、主题与词汇分布概率、主题与作者之间的概率等分布关系建立语义关系，分析主题间关联。

(4)第 5 章考虑到专家所发表文章未来的被引情况可以从一定程度体现专家的权威度，本书从作者、期刊和论文三个方面构建可能影响论文被引的因素，并使用逻辑回归、梯度提升树(gradient boosting decision tree, GBDT)、XGBoost、AdaBoost、随机森林等算法构建了预测模型。实验分析发现，GBDT、XGBoost和随机森林的预测能力较强，可以较好地预测论文在未来一段时间的被引情况，且预测的时间段越长，效果也就相对越好。

(5)第 6 章提出融合主题特征与时间特征的权威度算法(temporal topical authority model，TTAM)来分析专家权威度。模型从专家的发表论文集合以及待评审论文中提取主题，并计算专家对待评审论文主题的覆盖度。在 TTAM 的基础上，提出融合主题覆盖度和专家权威度的专家推荐框架(coverage and authority unification framework for expert recommendation，CAUFER)，以平衡覆盖度和权威度两个因素，为待评审论文推荐合适的评审专家。

(6)第 7 章提出了一种融合权威度和兴趣趋势的模型(authority and interest trend unification model，AITUM)。该模型首先利用专家已发表的论文分析其专长领域。然后，提取待评审论文的研究内容，分析了专家在有关待评审论文研究内容下的权威度，并建模分析专家在该方向的兴趣演化趋势。最后，将专家推荐建模成一个多约束条件下的优化问题，从而为待评审论文推荐合适的评审专家组。

(7)第 8 章考虑到当前跨学科研究的趋势，对 AT 模型进行扩展，构建出 AST模型，对专家兴趣进行建模。同时，大规模实验证明，AST 模型在混杂度、主题覆盖度、对称 KL 距离等评测指标方面均优于的传统的 AT 模型，并在专家推荐方面取得了较好的实验效果。

(8)第 9 章基于学者和科研机构的学术网络，研究如何在专家推荐问题中规避潜在利益冲突关系。首先，利用学者和科研机构的学术网络估计待评审论文所代表的团体与专家间的潜在利益冲突关系。然后，将评审专家对待评审论文的推荐转化为一个最小花费最大流问题，并考虑最小化利益冲突程度及最大化主题匹配程度。

(9)第 10 章提出一种综合考虑主题重要性的专家推荐模型，为多篇待审文稿推荐评审组长和多名评审专家。模型依据主题在学科中出现的频率，分析了待评审论文中主题的重要性，使主题可以更好地表达待评审论文或专家专长。最终将提出的模型与其他两种专家推荐方法做比较，从覆盖率、平均审核人次和推荐结果与主题重要性的相关性等三个角度体现了提出的模型可以较好地完成专家推荐的任务。

(10)第 11 章对全书内容进行了总结，阐述了专家推荐领域在工程实现中需要注意的问题。并且指出了当前专家推荐问题的局限性及对未来工作的展望。

第 2 章　相关研究的发展及应用

在专家遴选和推荐领域，早期的不少相关工作将其视为信息检索的延伸。因此，向量空间模型、语言模型都被应用分析此问题。此后，鉴于潜在狄利克雷分配(latent Dirichlet analysis, LDA)、作者主题模型(author topic model, AT)等主题模型及其变体有着扎实的数学基础，且在文本分析领域有广泛应用，学术界开始逐步应用主题模型分析实现专家的推荐。但以上研究大都关心待评审论文与候选专家的相关性，较少从真实场景考察专家推荐的实际要求。有研究人员开始逐步引入作者、专家、论文间的学术网络和社交网络以及提取了多组特征，以不断提升推荐的准确率。

因此，本章首先对经典信息检索模型及语言模型在专家发现方面的研究做出介绍。而后，描述了几种常见的主题模型，并分析主题模型及其相关研究如何应用在专家发现领域。接着，逐步解释相关工作如何构造网络模型及提取哪些多组特征来不断提升推荐方法的科学性及实用性。最后，本章对学术论文引用影响因素及预测分析等相关研究做出梳理。

2.1　经典信息检索模型在专家发现方面的应用

在专家推荐问题的研究初期，不少学者将专家发现视为一个信息检索问题。为此，待评审论文的研究内容与专家的知识相关性成为专家推荐的重要依据。在相关性计算方面，较为典型检索的模型包括向量空间模型(vector space model, VSM)、词频–逆文档频率(term frequency - inverse document frequency, TF-IDF)算法、潜在语义索引(latent sematic index, LSI)方法。此外，还有研究人员利用如逻辑回归、支持向量机(support vector machine, SVM)等分类方法判断候选专家是否与待评审论文相关。

20 世纪 70 年代，Salton 等提出了向量空间模型(Salton, 1975)。向量空间模型广泛应用于信息检索领域。向量空间模型主要以词频的方式来表示语义，把文本内容映射到向量空间中，利用向量的夹角来估计文章的语义距离。该模型认为一个词出现的频率代表了该词在文档中的重要程度。然而，通常有些词并不是随着文档中出现的频率越高而越重要。80 年代，有学者提出了 TF-IDF 算法，该算法指出一个词的重要性随着该词在文档中出现频率的增加而增长，随着该词在其他文档中出现的频率增加而减少。因此，在构建搜索系统时，人们通常首先借助

TF-IDF 算法计算文档中词的权重，然后利用向量空间模型计算两者的相似度。

基于相关性的专家推荐旨在提高专家知识与待评审论文的语义相关性。相关研究认为所推荐的专家知识应与论文的研究内容相匹配。基于相关性的专家推荐一般步骤是：①获得候选评审专家发表的文章和待评审论文的文本内容；②衡量两者的语义相关性；③推荐与待评审论文语义相关性较高的专家作为评审专家。

在基于相关性的专家推荐方面，Dumais 等提出潜在语义索引来计算论文的研究内容与候选专家知识的相关性，以此作为依据来推荐评审专家(Dumais, 1992)。而 Hettich 等使用 TF-IDF 算法表征待评审论文的研究内容和专家知识，计算其匹配程度，并选择匹配度最高的专家作为最优评审专家(Hettich, 2006)。胡斌等融合内容推荐和协同过滤的方法对专家进行遴选与推荐。他们首先利用 TF-IDF 方法实现关键词的提取、权重计算及筛选，根据专家历史信息建立科技项目和评审专家的向量空间模型，生成推荐列表，然后利用协同过滤的推荐算法对推荐列表进行调整，从而获得最终推荐专家(胡斌, 2012)。Yukawa 等采用向量空间模型将检索文档、候选专家文档等分解为向量，然后利用余弦进行相似性度量(Yukawa, 2001)。倪卫杰首先获取候选专家发表的论文的标题、关键字、摘要以及中图号，并为其选择不同的权重用于构建向量空间模型，提取专家的研究兴趣(倪卫杰, 2010)。然后，该方法通过不断利用专家的论文来更新专家的兴趣模型，使之能够识别专家的兴趣转移。同时，在不断的更新过程中，将最终能够达到稳定状态的有关专家兴趣的词语给予较高的权重。最后，根据词语的不同权重对评审专家做出推荐。

Fang 等基于信息检索原理中的概率排序理论，提取了多种特征信息如专家与文档的匹配程度、文档本身的特征信息和一些文档的结构特征等，将专家推荐理解为分类问题，并采用逻辑回归模型来实现专家推荐(Fang, 2010)。刘一星等提出一种分类算法 ATSVM 来分析专家推荐等问题。该算法首先利用 TF-IDF 方法把待评审论文信息表示成特征向量，然后采用 ATSVM 算法对论文做出分类，并最终根据分类结果把待评审论文分配给评审专家(刘一星, 2010)。李明等基于领域本体对多领域专家做出检索。他们首先利用模糊分类器建立专家知识库，然后他们认为用户在进行专家检索时信息需求的表达不准确，因此使用领域本体对用户的信息需求进行了扩充(李明, 2009)。

2.2　语言模型在专家发现上的应用

语言模型使人们从概率的视角来探究查询词和检索文档的关系。语言模型通过文档产生查询词的概率来表示待评审论文与候选专家的相关性，依据此对专家进行排序。自 TREC Enterprise Track 第一届比赛起，语言模型由于其良好的扩展性，拥有较为完备的理论以及较好的推荐结果，一直受到研究人员的青睐。在专家发现领域，Cao 等率先提出了一个两阶段的模型框架(Cao, 2005)。在第一阶段，首先将检索词项与文档进行匹配，此阶段称之为相关模型阶段；在第二阶段，利用第一阶段获得的相关文档集合，计算候选专家与检索词项的相关度，此阶段称之为贡献阶段。最后综合两个阶段的得分，获得最终的专家排名。另一种较为有名的模型是 Balog 提出了以专家为中心(Model 1)的和以文档为中心(Model 2)的两种语言模型(Balog, 2006, 2009)。Model 1 以候选专家为中心，利用候选专家的所有描述文档表示专家，通过计算来计算每个候选专家产生检索词项的概率来对所有的候选专家排序。与 Model 1 中将候选专家直接用词项的多项式分布表示不同，Model 2 首先对文档和检索词项进行建模，而后利用文档与候选专家之间的关系计算从文档中产生检索词项的概率，最终以文档为中间变量，获得检索词项和候选专家的相关性并推荐出相关专家。两种模型如图 2-1(a)和(b)所示，它们可以形式化分别描述如下：

$$P(q|e) \propto \prod_{w_j \in q} \sum_{d_i \in d} p(w_i|d_i) p(d_i|e) \tag{2-1}$$

$$P(q|e) \propto \sum_{d_i \in D} p(d_i|e) \prod_{w_j \in q} P(w_j|d_i) \tag{2-2}$$

同时，Balog 发现，与 Model 1 相比，Model 2 更具有鲁棒性(robust)但是更不易于扩展(Balog, 2007a)。随着在模型中引入一些其他机制如专家的先验权威性等，Model 1 的效果会逐渐上升最终超过 Model 2。与 Model 1 和 Model 2 假设词项是由文档产生不同，Serdyukov 等假设词项直接由候选专家产生(Serdyukov, 2008)，即在检索出排序较高的文档 R 中，根据出现的专家与检索词项的匹配程度来推荐候选专家。Serdyukov 等证明该模型在一定程度上其要优于 Model 2 的推荐效果。模型如图 2-1(c)所示，其形式化定义为：

$$P(e, p) = \sum_{d \in R} P(q|e) P(e|d) P(d) \tag{2-3}$$

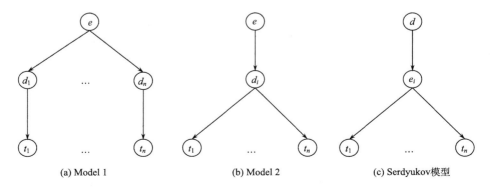

(a) Model 1   (b) Model 2   (c) Serdyukov模型

图 2-1   三种模型的图模型表示

此外，还有学者将语言模型同其他方法相结合来实现专家推荐。例如，Karimzadehgan 等认为在组织结构中，兄弟结点更有可能拥有同样的知识 (Karimzadehgan, 2009b)。因此，在其研究中，候选专家的组织层级关系被引入到基于语言模型的专家推荐算法中。Zheng 等首先用如 TF、TF-IDF 和语言模型等传统的研究方法提取专家的多个特征，然后再利用学习排序法 (learning to rank) 对候选专家进行排序 (Zheng, 2013)。

2.3　主题模型在专家发现方面的应用

2.3.1　主题模型简介

不少经典的信息检索模型假设一个文档只包含一个主题，与实际情况相悖。在实际应用中，一篇文档通常涵盖若干个主题。概率隐性语义分析 (probabilistic latent semantic analysis, pLSA) (Hofmann, 1999) 和 LDA (Blei, 2003) 等主题模型的出现解决了该问题。主题模型引入了隐含主题的这一概念，主题可以理解为语料集合上语义的高度抽象的表示。图 2-2 给出了 LDA 分析得到的多组主题的典型例子。

"Arts"	"Budgets"	"Children"	"Education"
NEW	MILLION	CHILDREN	SCHOOL
FILM	TAX	WOMEN	STUDENTS
SHOW	PROGRAM	PEOPLE	SCHOOLS
MUSIC	BUDGET	CHILD	EDUCATION
MOVIE	BILLION	YEARS	TEACHERS
PLAY	FEDERAL	FAMILIES	HIGH
MUSICAL	YEAR	WORK	PUBLIC
BEST	SPENDING	PARENTS	TEACHER
ACTOR	NEW	SAYS	BENNETT
FIRST	STATE	FAMILY	MANIGAT
YORK	PLAN	WELFARE	NAMPHY
OPERA	MONEY	MEN	STATE
THEATER	PROGRAMS	PERCENT	PRESIDENT
ACTRESS	GOVERNMENT	CARE	ELEMENTARY
LOVE	CONGRESS	LIFE	HAITI

图 2-2　LDA 训练出的主题示例 (Blei, 2003)

通过这个例子可以看出，每个主题对应一个较为一致的语义。这样，语料集合就可利用主题来表示。在主题模型中，每个主题通常可以表示成词的一个多项式分布。pLSA 认为任何一篇文档是以某种概率选择了其主题分布。然后，在某特定主题中，以一定的概率选择了某个词。通过这种方式，不断迭代，最终生成一篇文档。而 LDA 主题模型是 pLSA 的扩展，通过引入一个超参数来建模分析主题在文档中的分布。LDA 因其具备较为完善的数学基础和拥有良好的扩展性，受到越来越多科研人员的关注并在许多应用场景中提出了不同的模型。这些模型的提出解决了很多文本挖掘、信息检索方面的问题。在 LDA 的基础上，另外一个著名的 AT 模型(Rosen-Zvi, 2004)将作者与主题间的分布纳入到文档的生成过程。

在实际应用中，每一个主题的前 n 个词作可作为主题分析的结果。这样，每一个主题的内容相对于原始文档内容则增加抽象。对原始语料库用主题进行表示的好处有以下几点。

(1)解决海量数据的"维度灾难"问题。在传统的空间向量模型中，文本的信息量越大，向量的维度越高。这样会造成语义的稀疏，不利于挖掘文本的内容信息。而主题模型引入的主题概念，将文档用主题的概率分布来表示，解决了"维度灾难"问题。

(2)文档可以在主题层面进行表示，并发掘出一些潜在的、以前人们可能未发掘的含义。并且，主题分析可与可视化技术相结合，以更加方便地对文本内容信息做出组织和展示。

下面将首先详细阐释 LDA 的基本原理，然后介绍 LDA 及其变体在专家发现领域的扩展和应用。

2.3.2　LDA 简介

LDA 是一种层次贝叶斯模型(Blei, 2003)。该模型假设一篇文档是由一系列多项式分布的主题表示，而主题则由一系列多项式分布的单词来表示。LDA 的图模型表示如图 2-3 所示。

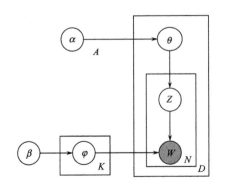

图 2-3　LDA 的图模型表示

一个文档的生成过程如下所示。
(1)对于每个主题 $k \in \{1,2,\cdots,K\}$：
生成　$\varphi_k \sim \text{Dir}(\cdot|\beta)$
(2)对于每个文档 $d \in \{1,2,\cdots,D\}$：
生成　$\theta_d \sim \text{Dir}(\cdot|\alpha)$

（3）对于每个词 $i \in \{1,2,\cdots,N\}$：

生成 $z_i \sim \text{Mult}(\cdot|\theta_d)$

生成 $w_i \sim \text{Mult}(\cdot|\varphi_{z_i})$

在 LDA 中，有两个先验的假设，一种是文档~主题的先验假设 $\theta_d \sim \text{Dir}(\cdot|\alpha)$，如上述生成过程（2）所示；另一种是主题~单词的先验假设 $\text{Dir}(\cdot|\beta)$，如上述生成过程（1）所示。由于存在后验概率无法直接求解的问题，因此主题模型很难有精确的求解方法，一般采用近似求解的方式求得参数。如 Blei 采用的基于变分贝叶斯的方式（Blei, 2003），另外一种是基于吉布斯采样的方式（Griffiths, 2004），还有基于期望推进的方式等（Minka, 2001）。一般来说，吉布斯采样由于简单直观且效果较好，因此是最为常用的一种求解参数方式。

2.3.3　主题模型的变体

由于 LDA 存在的上述特性和优点，因此迅速地被应用于专家发现等相关领域中。Wei 较早的将 LDA 应用到信息检索等领域，发现将主题模型与语言模型结合，与单纯的语言模型相比，可以极大地提高检索效果（Wei, 2006）。然而，考虑到在 LDA 的假设中，模型并没有考虑到数据集合中不同作者的情况，因此单纯使用 LDA 并不能很好的应用到专家发现这一领域。

考虑到上述限制，后人对 LDA 进行了各种扩展使其更好的应用于这一领域。其中较早的一个模型是 AT 模型（Rosen-Zvi, 2004）。AT 模型假定每一篇文档的主题分布由文档的作者产生而非由文档产生，这就将 LDA 中的文档层用作者层进行替换，使作者用主题的多项式分布来进行表示。AT 模型的图表示及输入输出如图 2-4 和表 2-1 所示。

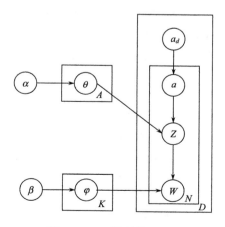

图 2-4　AT 模型的图表示

表 2-1　AT 模型的输入与输出

算法输入	专家与描述专家的文档；超参数 α, β 和主题数 K
算法的主要输出	(1)在计算中，AT 模型会根据语料库生成一个词表，编号从 0 开始，存放于 wordmap.txt 文件中
	(2)以矩阵的形式存放主题-词语分布。每一行代表语料库中的一个主题，每一列表示语料库中的一个词语，该矩阵存放于 phi-model.txt
	(3)以矩阵形式输出作者-文档的分布，存放于 theta-model.txt 中。其中，每一行代表一个作者，列代表语料库中的一个主题

　　AT 模型拓展了专家发现领域的研究内容，后续的很多工作都是基于 AT 模型展开，并可以大致的划分出三条研究主线。

　　(1)将传统的 AT 模型与社会网络相融合的方式。在学术网络中，作者之间的引用关系、合作关系等都能够反映出一个专家在某一个学术领域中的地位。比如，Tang 等在 AT 模型的基础上引入了会议信息(Tang, 2008)，形成 ACT(author conference topic)模型。ACT 模型使得每一个作者的主题分布与词项和会议相关联起来。这样不仅可以用来检索专家信息，同时也可以利用检索会议信息。与 ACT 模型引入会议信息不同，CAT(citation author topic)模型引入论文之间的引用关系来提高主题中词项语义的一致性以及主题与作者之间的相关性(Tu, 2010)。一些相似的工作如 ACTC(author conference topic connection)模型(Wang, 2012)，ACVT(author citation venue topic)模型(Yang, 2013)等都是在 AT 模型的基础上，根据自身业务目标需求等引入相关社会网络信息，提高模型的效果。然而，当数据集合较小时，可能形成的网络关系会较为稀疏。因此上述模型可能并不适合用在一些小规模的数据集合中。

　　(2)基于调整主题模型自身的假设。传统的主题模型假设词项之间的独立性，因此仍是一种词袋模型(bag of words)。考虑到这种假设并不实际，Johir 等提出了 MAT(multiword-enhanced author topic)模型(Johir, 2010)，该模型在 AT 模型的基础上增加了一个语义标注的过程。与之类似的模型还有 N 元主题模型(Wallach, 2006)等。

　　(3)在 AT 模型中，每一个作者只对应着一个主题分布。这对挖掘专家的兴趣仍然是一个较为大的限制条件。因此在后续研究中，如 APT(author persona topic)模型(Mimno, 2007)或者 LIT(latent interest topic)模型(Kawamae, 2010)中，作者加入了更多的隐含层来更加方便灵活的对专家的兴趣进行建模。在第 8 章中，本书遵循了第三条主线的研究工作，构造了 AST(author subject topic)模型(Mou, 2015)。在 AST 模型中，本书利用获取到的有关专家的"学科"标签，构造了一层潜在的学科标签层。学科层的存在使得 AST 模型可以更加灵活地对专家的研究兴趣进行建模，使得主题中词项的语义更加明确，最终提升模型推荐专家的效果。

　　Karimzadehgan 等利用 pLSA 模型分析专家的多个主题，并提出对多主题专家和文档的建模方法，并利用三种推荐方案，使最后推荐出来的专家组对论文所包含主题的覆盖度达到最大，从而对现有的基于相关性的专家推荐算法进行了扩展（Karimzadehgan, 2008）。在随后的研究中，他们又考虑到每位专家的审稿负担，即一位专家同时审阅任务不能过多。他们同样利用从 pLSA 中提取专家的多个主题，建立整数优化问题，实现专家推荐（Karimzadehgan, 2009a, 2012）。考虑到每个研究主题在该论文中所占的权重各不相同，Kou 等利用 AT 模型从文档中提取信息，并提出基于权重的主题覆盖度算法对专家进行组合与分配，使其达到组合最优（Kou, 2015）。Su 等利用 ACT 模型从文档中提取待评审论文及专家研究兴趣的主题分布，并认为一篇待评审论文可能会涉及到多个子主题，且遴选出来的专家组要尽可能多地覆盖研究子主题，以避免专家组都集中于某个子主题（Su, 2012）。余峰等利用 LDA 提取专家主题信息，然后利用余弦进行相似度度量，从而获得候选专家的排名（余峰, 2014）。Charlin 等结合 LDA 模型、线性回归和协同过滤的方法来分配评审专家（Charlin, 2013）。石林宾等通过对项目以及项目主题间的关系，构建用于获取项目主题词的项目主题模型（石林宾, 2014）。然后，他们利用该主题模型提出了基于 Markov 网络和基于协同过滤的两种专家推荐算法。

　　还有研究人员对主题的演化趋势进行了相应的研究（Daud, 2010）。例如，李湘东等通过主题模型 LDA 和 JS 散度来描述某一期刊的主题随时间的演化趋势，并对不同时间下的主题稳定性做出了分析（李湘东, 2014）。胡艳丽等首先通过LDA 和吉布斯抽样描述各主题随时间的演化（胡艳丽, 2012），并定义主题的产生、消亡、继承、分裂和合并等五种类型来描述趋势。尽管已有研究中关注话题兴趣演化的很多，但研究者们多是通过绘制出的兴趣变化的曲线做出直观的描述，并未建立起客观的标准。

2.4　网络模型在专家发现上的应用

　　与语言模型中直接利用专家的相关内容信息进行建模不同，在网络模型中，实体（专家、文档）之间由于各种原因，总会形成一定网络关系，如在一个在线问答社区中，用户之间会形成发帖、回帖之间的关系；在一个学术网络中，会有被引、合作关系，而上述关系会间接地反映出一个专家在某一社区或者领域的地位。因此，一些学者借助 PageRank 算法（Page, 1999）、HITS 算法（Kleinberg, 1999）、主题敏感的 PageRank 算法（Haveliwala, 2002）等对论文的引文网络或者专家合作网络做链接结构分析，旨在从上述直接或间接关系中挖掘出潜在的专家。

Campbell 等利用 HITS 算法（Kleinberg, 1999）分析了一个邮件网络（Campbell,

2003)，发现利用权威度（authority）推荐出的专家在精度方面要优于基于语言模型的推荐算法，但是在召回率方面却有所不足。与上述邮件网络（Campbell，2003）类似，Dom（Dom，2003）将多种基于网络的排序算法在一个邮件网络中进行了比较，发现 PageRank 算法（Page，1999）在推荐专家方面要优于 HITS 等算法。Zhang（Zhang，2007a）等对一个关于 Java 的在线问答社区进行了分析，利用三种指标：用户在社区中回答问题和提出问题的比率、HITS 的权威度和 PageRank 的权威度进行评测，发现第一种指标的效果要优于后面两种指标的效果，表明在一个问答社区中，高频回答问题的人员不一定就是权威的专家。随着网络的发展，基于社会网络平台的专家检索也越来越受到关注，与 PageRank 类似，Weng（Weng，2010）等利用 Twitter 用户之间的链接性，提出了 TwitterRank 来挖掘 Twitter 中潜在的权威用户。

在学术网络社区之中，Gollapalli 等基于 ArnetMiner（Tang，2008）中的学术数据和 UvT 专家数据集（Balog，2007d）中的合作关系，引用关系以及学术论文等信息，构造出了一个作者-文档-主题间的关系图，来挖掘权威专家，然后利用"检索项"对应到"主题"，最后经由"文档"获取"候选专家"的排序（Gollapalli，2013）。与此相类似，Datta 等构造了合作关系网络，然后根据研究人员间的合作关系计算各个专家组在研究方面的凝聚力，最后利用 wikipedia 将"检索项"对应到"主题"，以实现团队检索（Datta，2011）。与传统的 PageRank 算法进行比较（Gollapalli，2011），得出结论认为不同的网络模型（基于内容或者基于网络结构）在专家排序的侧重点上不尽相同。Liu 等利用重启随机游走算法 RWR（random walk with restart）计算待评审论文与专家知识的相关性和权威度来推荐评审专家（Liu，2014）。Zhang 等认为专家的描述信息及其社会关系在专家推荐中起着重要作用（Zhang，2007b）。为此，他们提取包括专家发表的论文、专业方向等描述信息，并计算这些信息与待评审论文之间的主题相关性，然后结合应用随机游走算法，以推荐较权威的专家。Zhou 等提出 Topic PageRank 方法（Zhou，2012），把待评审论文与专家知识之间的相关性融入到基于 PageRank 算法的专家推荐中，以此来寻找在特定主题下有较高权威度的专家。Wu 等在专家合作网络和引文网络上应用 co-PageRank 算法，获取专家权威度，并融合相关性因素推荐出相关的专家（Wu，2008）。

2.5　多特征结合在专家发现上的应用

近年来，随着研究的深入，研究人员考虑将多种特征信息，比如文档内容信息、网络结构信息、专家个人的某些特征信息（学术领域的 H 指数等）结合，对专家权威度、研究背景多样性、利益冲突等因素做出建模，进一步提高了推荐方法的科学性和结果的准确性。

评审专家给出的审稿意见是决定待评审论文是否可以正式发表的重要依据，而评审专家的能力直接影响到审稿意见的科学性和准确性。为此，一些研究人员在相关性的基础上，分析专家的发文量、被引率等评定专家权威度的重要因素，对专家的权威度做出了深入的探索。Hirseh 等提出利用 H 指数来评价专家的成就（Hirseh, 2005），该方法将专家发表的论文数量跟专家的被引频次相结合以评价专家的科研成绩。但是，由于 H 指数在其应用中暴露出对专家从事科研时间长短过于敏感等诸多弊端，因此许多研究人员对 H 指数做出了改进。例如，Egghe 等提出 G 指数（Egghe, 2006），Kosmulski 等提出 $H(2)$ 指数（Kosmulski, 2006），张学梅等提出 hm 指数（张学梅, 2007），叶鹰等提出 f 指数（叶鹰, 2009），Alonso 等提出 hg 指数（Alonso, 2009）。这些指数都为专家权威度的测量提供了更完善的方法。

Li 等从待评审论文与候选专家的相关性与候选专家的权威度来综合评价专家（Li, 2013）。在该研究中，在其权威度测量过程中主要考虑两个因素：①专家发表论文的数量和质量；②专家发表论文的时间，赋予近期发表的论文以较高的权重。对于相关性，主要考虑三个因素：①投稿文章引用候选评审专家文章的数量；②投稿文章与候选专家同时引用同一篇文章的数量；③投稿文章与候选专家同时引用同一位作者的数量。最后，用层次分析法获取该待评审论文合适的评审专家。Liu 等提出一种融合专家知识、专家声誉和专家权威度的混合推荐算法（Liu, 2013）。该算法首先利用专家已回答过的问题来推断专家知识，并计算专家知识与当前提问的相关性；然后，同样通过已回答的问题来推断专家声誉，并利用其社会关系计算专家权威度；最后整合专家的三个特征实现专家的遴选与推荐。

Han 等以 SIGIR、KDD、JCDL、GIS 四个国际学术会议为例，分析了学术会议中专家委员会的组成（Han, 2013）。他们发现将专家在会议中的发文记录、专家研究兴趣与会议主题的相关度、委员会成员与会议主席的亲密度等特征做线性组合，可以得到最好的推荐效果。Macdonald 等将专家排序看作一个投票问题（Macdonald, 2006），他们基于不同的用户特征，将 11 种不同的投票策略融合在一起对文档相关的专家排序。此后，他们认为专家的代表性文档选择对专家推荐有着重要影响，并将专家推荐的问题看作是专家代表性文档选择的问题（Macdonald, 2008）。因此，他们设计了五种方法对专家文档的质量做出评分，并同样利用投票模型来计算文档质量的总得分以选择专家的代表性文档。Moreira 则对特征进行分类，构造了包括文本探测器、简介探测器及引用探测器等三个不同的特征探测器来获取不同的专家特征，并将其结果相融合以作为最终推荐专家的依据（Moreira, 2013）。

Smirnova 等指出在许多真实的应用场景中，推荐出的合适的专家是检索用户本身需求所决定的（Smirnova, 2011）。为此，他们提出一种融合检索用户与候选专家的社会距离及专家知识的方法，以推荐出便于联系并可以给予检索用户新知识的专家。Liu 等(Liu, 2016)指出，为待评审论文遴选专家时，如果投稿作者和候选专家之间存在利益关系，则该候选专家并不能作为最合适的评审专家。为此，该研究把评审专家推荐的问题建模成为一个优化分配的问题，得到推荐结果。Tang 等提出一种基于多约束条件的凸优化推荐算法，综合考虑专家知识与待评审论文的相关性、专家审稿负担以及专家和投稿作者利益关系等问题(Tang, 2012)。Li 等指出专家在评审时严格程度的不同也会造成论文评审的不公平(Li, 2015)。为此，该专家提出了 CONCERT 算法(context-aware expertise relevance oriented reviewer cross-assignment)来弥补因评审的严格程度不同而产生的影响。

还有研究人员分析了专家关于待评审论文的兴趣和意愿。例如，Rigaux 等允许每位评审专家指定一个或多个审稿兴趣，然后应用协同过滤算法并结合专家指定的研究兴趣来预测专家对待评审论文的研究兴趣(Rigaux, 2004)。同样，Mauro 等也描述了一个名为 GRAPE(global review assignment processing engine)评审专家推荐系统(Mauro, 2005)，该系统首先由专家亲自指定其研究兴趣，然后将其作为专家分配的先验知识去影响待评审论文的分配。

2.6　评审过程中的利益冲突

为了使得评审给出公正的建议，实际应用中往往需要识别评审专家与待评审材料间潜在的利益冲突。而在不同的场景中，利益冲突的定义又有所不同。例如，在同行评议中，美国国立卫生研究院对经费评审过程的中有关利益冲突的描述是：经费或合作协议或科学与研发的合同协议中存在自己的利益，因此这份利益很可能使自己的评估发生偏见，那么利益冲突就会产生(Aleman-Meza, 2006)。Ackerley 等以美国食品药品管理局监督委员会与东方研究集团有限公司为案例，分析两个机构间的专业技能和经济利益间的利益冲突(Ackerley, 2007)。他们发现，在监督委员会中，评审委员具有的专业技能程度越高，越可能与该集团具有经济方面的利益冲突。而具体在科研领域，学者承担的不同身份则可能导致利益冲突的产生(Oleinik, 2014)。例如，在论文评审中，如果评审专家与论文的作者具有合作关系，则该专家成为这篇论文的合作者；如果评审专家的待评审论文的主题与待评审论文的主题和内容极为相近，那么该专家则成为这篇论文的竞争者。以上两种情况均会产生利益冲突，并可能影响专家对论文质量的评判。Pavesi 等研究了当面对利益冲突，专家的威望对其制定策略过程的影响(Pavesi, 2010)。他们发现，当利益冲突的程度变得强烈时，决策过程中的信息源的权重将会提升，而信息的有效性则会下降。

然而，很多时候利益关系可能并不是完全可见的，因此一些研究关注如何识别潜在的利益关系。Chen 试图从社交网站中发现潜在的关系(Chen, 2009)。首先，在学者网络中，他们通过聚类的方法识别权威度相似的作者。然后，他们通过 k-相似路径算法识别学者间潜在的联系。此方法中，他们去除了学者间的弱关联以增加算法的准确度，并以共同发表论文的数量、共同的朋友及合作文章的年份等属性分析学术社交关联。Aleman-Meza 等开发了一个语义分析算法来识别利益冲突关系，识别具有语义关联的两个实体(Aleman-Meza, 2006)。他们首先利用预先构建的本体来计算其属性的重合程度。然后根据其属性的重合程度估算个实体间联系的强弱程度。

还有学者从多个维度对评审中潜在的利益冲突展开研究。Tayal 等在评审专家分配过程中考虑工作强度、投稿作者与评审专家之间的利益冲突、评审专家个人的兴趣偏好和待评审论文的关键词等方面(Tayal, 2014)。其中，研究中考虑了待评审论文作者与评审专家不应该存在亲属关系、不是同一篇文章的合著者、没有学生-导师关系及同事关系等四种约束来避免利益冲突的产生。Xu 等分析了评审专家的文章被引情况及待评审论文与专家的研究领域，并尝试考虑回避与待评审论文的作者具有社会关系、同事关系、同学关系和合作者关系等的专家(Xu, 2013)。Long 等对评审分配问题中利益冲突的种类以及利益冲突引发的问题做了详细讨论(Long, 2013)。他们提出一个同时考虑主题覆盖程度和利益冲突规避的优化方法，以保证评审过程的合理性和公平性，发现在考虑利益冲突时产生的多种类型的严格限制可能会影响所推荐的评审专家与其待评审论文间的主题覆盖程度。Anggraini 等提出一种关联预测的方法来识别潜在的利益冲突关系，并将其应用于评审推荐任务中(Anggraini, 2012)。他们将学术职称排名作为一种新的利益冲突关系融入到利益冲突关系识别中，即学术职称排名相同，则两者之间具有潜在的利益冲突的可能性越大。

2.7　学术论文引用影响因素及预测分析

2.7.1　学术论文引用影响因素研究

"引用"在衡量研究本身和研究人员质量上具有非常重要的作用，因此调查被引产生的原因非常有必要。研究人员在论文中引用他人研究成果的原因有很多，比如，有的人引用他人作品是为了支持他们的观点、方法或者结果，这种引用原因被定义为支持性引用；有的人引用他人作品仅仅是为了介绍其他研究人员的观点，而有的人引用他人的作品则是为了反驳或者批评他人的观点(Harwood, 2003)。有一些论文是作为好的例子被引用，而有一些论文则是因为存在问题而被引用(Aksnes, 2004)。

探索影响被引频次的因素的研究主要包括两种类型：①通过相关分析来调查被引频次与单一因素之间的关系；②通过回归调查各种潜在因素对被引频次的影响。一般来说，第二种类型的研究得到的结果比第一种类型要更可靠，因为第二种类型的研究考虑了因素之间的相互作用。

此外，目前已有许多研究人员对被引频次的影响因素进行了研究，影响因素大概可以分为三类：论文相关因素、作者相关因素和期刊相关因素，下面逐一介绍。

1) 论文相关因素

与被引频次相关的一个主要的影响因素是论文的质量，论文本身的质量能够有效地预测论文未来的学术影响力(Jabbour, 2013; Buela-Casal, 2010; Patterson, 2009; Stremersch, 2007；Callaham, 2002)。论文本身的质量越高，则越能够吸引其他研究人员阅读，也就更容易得到引用。已经有一些研究通过某些方法对论文的质量进行了量化，并且其中有些研究已经检验了这些指标与论文被引频次之间的相关性。例如，在 Callaham 等的研究中使用德尔菲法来对出版物的学术质量进行客观评价，并且提到了使用主观的新闻价值作为质量评价指标(Callaham, 2002)。Walters 的研究将可读性、相关性和新颖性作为评价论文质量的三项衡量标准(Walters, 2006)。Onodera 等还提出了其他量化论文质量的方法，包括是否设定对照组、样本的大小、是否验证了假设、统计显著性的强度等(Onodera, 2015)。此外，Stremersch 等把期刊中论文的顺序、编委会选择的期刊奖项以及论文的长度作为评价论文质量的指标，发现论文本身的质量与被引频次有显著的正相关影响(Stremersch, 2007)。还有人提到，同行评审的论文往往比没有同行评审的论文质量更高(Bhat, 2009)。而评审时间越长，论文的质量就会更高，得到的引用也会更多(Hilmer, 2009)。例如，Buela-Casal 等就使用专家评分来对论文的质量进行评价，研究表明专家对论文质量的评价和被引频次在统计学上显著相关(Buela-Casal, 2010)。

在不同的研究领域和学科中，论文被引频次有所不同，某些主题、学科和领域的被引明显比其他主题、学科和领域多或者少(Jabbour, 2013; Willis, 2011；Ayres, 2000)。获得引用的机会与不同领域和学科的论文数量相关，因此小众领域的论文获得被引的可能性比其他受到广泛关注领域的论文要小。比如，在社会科学领域中，每篇论文的被引频次明显比自然科学领域论文要高(Skilton, 2006)；在分析化学、有机化学和物理化学领域中发表的论文，被引频次比在生物化学领域发表的论文更高(Bornmann, 2012)。而在 Miettunen 的一项关于临床心理学期刊的研究中发现，生物学和精神药理学比其他领域被引频次更高(Miettunen, 2003)。Chakraborty 的研究中还提到，一个出版物前两年所有论文的平均被引频次，可以用来对未来的被引频次进行预测，另外，出版物所有论文涵盖的不同领域可能是被引频次的另一个预测因素，因此研究主题的多样性也与被引频次有关（Chakraborty, 2014）。Fu 在研究中证明，热门话题通常会吸引更多人的注意力，并且获得更多的引用（Fu, 2010）。比如，Filion 发现在流行病领域的出版物中，被引频次很高的论文都在讨论疾病的风险因素，而被引频次较低的论文则更有可能是在讨论其他的一般主题（Filion, 2008）。

　　论文的标题、摘要和关键词的特征也会影响论文的被引频次。有人认为，标题的长度与被引频次负相关，标题较短论文的被引频次明显多于标题较长的论文（Subotic, 2013；Jacques, 2010）。标题中带有标点符号的论文可能会比仅有字母和数字的论文获得更多的引用（Buter, 2011），并且用冒号将标题分为两个部分可以增加论文的被引频次（Jacques, 2010）。然而，在论文标题中出现冒号和首字母缩略词（Subotic, 2013）、出现国家名称（Jacques, 2010）、出现娱乐性质的标题以及标题的类型（Subotic, 2013）都能用来预测被引频次。Jamali 等则认为，一个内容丰富的标题能增加一篇论文使用、下载和被引用的频率（Jamali, 2011）。他们认为标题的特征对下载次数的影响比对被引频次的影响更大，在论文标题中出现研究设计的论文能得到更多的引用（Antoniou, 2015），而论文标题中是否出现主要研究结论并不影响被引频次（Annalingam, 2014）。对于论文的摘要来说，摘要中词语的数量也与被引频次有关（Annalingam, 2014; Falagas, 2013; Rostami, 2013），摘要较长的论文比摘要短的论文得到了更多的引用（Van, 2013）。此外，论文中关键词的多样性和数量也被证明对被引频次有一定的增加作用（Chakraborty, 2014; So, 2014; Rostami, 2013）。

　　一篇论文的参考文献可以看作是作者掌握的其他文献的知识，因此参考文献的数量、声望和多样性都能增加论文的被引频次（Biscaro, 2014）。一些研究表明，参考文献的数量与论文的被引频次存在一定的关系（Antoniou, 2015; Onodera, 2015; Biscaro, 2014; Bornmann, 2014; Didegah, 2013; Chen, 2011; Falagas, 2013）。参考文献的平均发表时间越晚，论文受到的引用会更多，大多数引用"旧出版物"的论文被引频次明显较少（Roth, 2012）。参考文献的"多样性指数"（Chakraborty, 2014）和国际性（Didegah, 2013）会增加论文的被引频次。如果一篇论文作为参考文献，出现在一篇与本论文有大量共同参考文献的论文中，那么这篇论文将有机会获得大量的引用（Biscaro, 2014）。

　　还有一些研究表明，论文的长度（页数）是增加其被引频次的因素之一（Antoniou, 2015; Bornmann, 2014; Robson, 2014；Falagas, 2013; Farshad, 2013; Padial, 2010）。论文越长，被引频次就越多，这可能是因为较长的论文包含更多的信息（Leimu, 2005）。Bornmann 等认为论文的页数是被引频次的影响因素（Bornmann, 2014），特别是在该论文发表后的最初几年。这项研究还表明，长度较长的论文更容易被高度引用，但是也提到了论文的附页可能会降低论文被引用的可能性。

另外，论文的被引频次和下载量之间存在正相关的关系，下载次数越多论文的被引频次也越多（Perneger, 2015; Guerrero-Bote, 2014; Subotic, 2013; Jahandideh, 2007）。在物理学和数学领域中，论文的下载次数和被引频次存在着显著相关性（Brody, 2006）。另外，一篇论文在线访问的次数也会影响它的被引频次（Mccabe, 2015; Perneger, 2004）。

2）期刊相关因素

研究人员都希望在影响力比较高的期刊上发表自己的论文，以提高他们的知名度并获得更多的引用。因此，如果论文发表在高影响因子的期刊或者会议论文集上，也能侧面说明论文的质量比较高。已经有许多研究证明，在具有高影响因子的期刊上发表论文，比在低影响因子的期刊上发表能获得更多的被引（Van, 2015; Bornmann, 2014; Garner, 2014; Jiang, 2014; Subotic, 2013; Didegah, 2013; Adusumilli, 2005; Bornmann, 2013;　Royle, 2013; Schneider, 2013; Vanclay, 2013）。也就是说，论文的质量越高，发表期刊的可信度越高，那么这篇论文就有更多机会被看到或者被阅读到（Buela-Casal, 2010）。因此，在一本著名期刊上发表的论文可能比在小型期刊上发表的论文获得更多的被引（Callaham, 2002）。在《自然》杂志上发表的论文，每年平均可以被 14 篇论文引用，这样的被引率在全球论文中可以占到前 3%（Vanclay, 2013）。在挪威的最受欢迎论文中，有大约 75%是发表在影响因子较高的期刊上，仅有 9%的论文发表在影响因子较低的期刊上（Bornmann, 2013）。

一篇论文的被引频次还与其发表的形式有关。期刊论文每篇论文每年获得被引频次比会议论文更多（Ibáñez, 2013）。并且，基于期刊的会议论文比在书籍系列或者卷期中出版的论文得到的被引要多（Ingwersen, 2014）。与原始论文、综述和其他类型的文档相比，会议论文在统计学上被引频次明显较少（Bornmann, 2013）。另一项研究表明，在会议中发表的展示论文，比在会议中发表的海报论文得到的被引要更多（Ke, 2014）。

3）作者相关因素

论文作者的数量以及合作关系与论文的影响力相关，论文的作者越多，则论文越有可能被引用（Onodera, 2015; Annalingam, 2014; Biscaro, 2014; Bornmann, 2014; Cerovšek, 2014; Gazni, 2014; Hurley, 2014; Bornmann, 2013; Bosquet, 2013; Didegah, 2013; Farshad, 2013; Nomaler, 2013; Puuska, 2013; Chen, 2011）。作者的数量是衡量合作程度的指标，被高度引用的论文涉及到许多研究人员之间的协作（Aksnes, 2003）。论文作者的数量、作者的领域以及作者的学科多样性增加了论文的被引频次（Skilton, 2009; Adusumilli, 2005）。比如，在一般的外科期刊中，在已经有一名基础科学家的前提下，加入一名生物统计学家进行研究，可能会增加论文的被引频次(Farshad, 2013)。合作也与被引频次有关(Biscaro, 2014; Chakraborty, 2014; Robson, 2014)，合作的论文在越多的会议或者其他作者的研讨会中发表，就会收到越多的关注和引用(Bosquet, 2013)。因此，作者的社会性会影响到论文的被引，在科学网络中有广泛链接作者的论文有更大的可能被其共同作者引用(Chakraborty, 2014)。另外，科研团体的规模也能够增加论文的被引频次(Biscaro, 2014)。

知名度高并且被引高的作者是因为他们在其研究领域的突出地位和声望而获得了引用，如果作者得到读者的认可，自然会导致被引频次的增加(Collet, 2014; Jiang, 2014)。被高度引用的作者发表的论文比没有被高度引用的作者发表的论文获得的被引更多(Bornmann, 2010, 2012)。此外，作者团体的 H 指数也会影响被引频次(Hurley, 2014)。如果一篇论文的第一作者和最后一个作者在过去被引用过，那么这篇论文比其他第一或最后一个作者从未被引用过的论文更有可能获得更多的引用(Fu, 2010)。被引频次更多的作者比被引频次少的作者更有可能在未来获得更多的引用，因此作者以前论文的被引频次可以看作预测未来被引的因素(Tang, 2014; Yu, 2014; Walters, 2006)。

作者的作品越多，他的个人网络可能就越广泛，所以个人网络成员和同事可能会有很多引用他的论文，其被引频次也就会越高(Onodera, 2015; Chakraborty, 2014; Bosquet, 2013; Fu, 2010; Costas, 2009)。Bornmann 等指出，总被引频次与项目中发表的论文数量之间存在线性关系(Bornmann, 2007)，他们认为从项目中发表更多论文，会使科学界对该研究的接受程度提高，带来更多的被引频次。

2.7.2　学术论文引用预测相关研究

在学术界，人们一直利用被引频次及由其推算出的相关指标来衡量学者、研究机构或者研究成果在某一领域的地位。如 Garfield 提出了基于被引频次的影响因子来衡量期刊的影响力(Garfield, 1955)，Hirsch 则提出用 H 指数来衡量学者的影响力等(Hirsch, 2005)。近年来，随着机器学习技术的广泛应用，人们越来越多地关注如何更准确地预测引用情况。Callaham 等(Kulkarni, 2007; Callaham, 2002)基于医学类论文将本领域内的一些特征如临床分类特征等加入模型中来进行预测。Livne 等则使用了多个学科的论文数据，最后发现不同学科的预测结果相差较大(Livne, 2013)，在计算机科学、生物学、化学和医学等学科的论文数据中，预测结果表现较好，而在工程、数学和物理论文数据中则表现较差。Ibáñez 等则将待预测论文的关键词与高被引论文的关键词间的相关性作为内容特征加入到预测模型中(Ibáñez, 2009)。此外，有研究将社会网络关系加入到预测模型，如 Walker 等(Walker, 2007)提出了一种基于 PageRank 的方式来预测论文被引频次。刘大有考虑了论文作者的权威值、引用者的权威值、论文的发表时间以及论文被引用的时间，基于作者和论文间的引用链接对论文未来被引频次排名和 PageRank 值进行了预测(刘大有, 2012)。Pobiedina 将论文被引数预测看作是一个链接预测问题，提出一种基于图演化规则的特征 GERscore，并在后续实验中表明 GERscore 可以提升预测的精度(Pobiedina, 2014)。张美平则结合论文引用的时间衰减特性，提出了一种基于持续关注度衰减的重要论文预测算法(张美平, 2015)。Davletov 在论文被引预测中引入了论文的拓扑属性，如网络中心度、接近中心度、特征向量中心度等来改进模型的预测效果(Davletov, 2014)。

另外，随着学科交叉现象越来越普遍，不同研究领域之间论文的被引模式可能存在较大的区别。如果直接对某个学科的论文进行引文预测可能会提高预测的难度，降低预测的准确性。因此有研究人员提出首先对论文的引用模式进行建模，把待预测的论文归到某个引用模式中，然后再预测论文的被引频次。如 Davletov 等构建了一个论文的距离矩阵来表征不同的引用模式(Davletov, 2014)，然后他们使用谱聚类方法对所有的论文数据进行聚类，再通过训练给每一个类分配一个多项式来进行预测。Li 和 Chakraborty 等(Li, 2015;Chakraborty, 2014)基于一些分类标准，将论文分为几个类别，然后用分类器从作者、刊物等一系列特征中学习，这样可以根据待预测论文的特征将它分到某一类中后再进行预测。Bhat 等(Bhat, 2015)通过估计作者的发表成果在学术期刊上的分布作为作者研究领域分布的近似，用信息熵和 JS 散度来量化每一篇文章的跨学科性，并将跨学科性作为一个新的特征，与一些其他的特征一起来完成预测。

2.8　本　章　小　结

本章从经典信息检索模型、语言模型、主题模型、网络模型及多特征相结合的模型及评审过程中的利益冲突等几个方面对评审专家推荐中相关的研究工作和学术论文引用影响因素及预测分析等内容进行了介绍。经典信息检索模型和语言模型是较早被应用于专家遴选与推荐中的模型。这些模型效果较好、简单直观、易于理解，且适用范围也较为广泛。考虑到主题模型构建于扎实的数学基础之上，且具有良好的扩展性，同时在文本挖掘领域有着广泛的应用，因此利用主题模型及其扩展模型挖掘分析得到的主题信息可能较好的表达专家的研究兴趣。但是，这些模型的不足在于，它们只考虑到专家的文档信息，而较少考虑专家在不同网络中的关系等，可能对所提出模型的效果产生一定影响。针对此问题，社会网络中的专家发现是近年来学术界较为关注的领域之一。此后，在分析待评审论文与候选专家的相关性基础上，还有不少学者研究了专家的权威度、专家的兴趣、专家的研究背景多样性等方面，使推荐出的专家更科学合理。

通过对文献的总结与分析，目前有关多学科交叉研究知识结构分析的研究相对较少。然而，多学科交叉研究成为当前不少学术领域研究的热门。而对多学科交叉研究的知识结构的理解将有助于提升相应领域专家推荐的效果。为此，本书将在第 4 章中深入剖析此问题。

本书在第 5 章对专家所发表文章未来的被引情况展开研究。其目的在于更加准确的分析专家的权威度并服务于专家遴选与推荐等相关工作。在此前的一些研究中，论文被引预测常被定义为一个回归问题：利用一篇论文的相关特征，来预测这篇论文在未来某时间点的被引频次。然而，为了能够得到较好的预测结果，这些研究常会对数据集做出一定的预处理以符合实验要求，这就导致实验数据与真实数据分布可能不一致。因此，有不少相关研究将该问题定义为分类问题：一篇文章是否有助于提升作者的影响力。相关研究中虽然使用了各种不同特征来进行预测，但是对于在使用的众多特征中，哪些特征起到主要作用，哪些特征起到次要作用，不同的特征之间有什么区别等问题并没有较为深入的探讨。针对这些问题，第 10 章使用多种机器学习算法对论文未来引用情况进行了分类预测，分析相对重要的因素。同时，在预测中，该章引入了主题多样性特征和研究方向，分析学科交叉导致的不同引用模式的区别，以提高预测准确性。

同时，有关将专家兴趣融入推荐的方法主要分为两类。第一类把专家的研究主题定义为专家兴趣。此类方法与基于相关性的专家推荐方法差别不大。这些方法通常首先利用经典的信息检索模型、语言模型或者主题模型获取专家文档的内容特征，再计算待评审论文与专家文档的语义相关性，并以此为依据推荐专家。其推荐的效果取决于提取专家主题的提取方法及专家主题与待评审论文相关性的计算方法。另一类获取专家兴趣的方法是，通过定义一个时间窗口来观察近几年里该专家的发文量，以判断该专家是否对相关主题感兴趣。然而，如何定义时间窗口是一个很难解决的问题。如果定义时间窗口较小，则会带来数据稀疏的问题；如果定义时间窗口较大，则无法感知专家的兴趣变化。与之相比，已有研究涉及到了专家兴趣演化这一方面的内容，但研究大多停留在对专家兴趣演化的趋势进行主观描述这一层面，并未建立起客观标准进行测量。而建立起客观标准，并将兴趣演化这一"动态"数据量化并融入专家推荐中，是提高专家推荐精确性和可靠性的关键。为此，本书将在第 6 章和第 7 章分析专家引用网络、探究不同主题下权威度和研究兴趣的差异以及权威度和研究兴趣随时间变化等问题，以提高专家推荐精确性和可靠性。

针对多学科交叉研究这一问题，本书的第 8 章将学科知识结构关系融入到专家的遴选与推荐中。具体地说，通过对前人相关研究总结分析，主题模型可以将文档信息用一系列主题分布进行表示，每一个主题由一系列语义相关的词组成，这符合专家兴趣建模方式。同时，鉴于主题模型具有良好的效果及扩展性，本书在 AT 模型的基础上，构造一种监督式学习主题模型，以进一步提升对专家先验知识建模的准确性。

第 9 章考虑了有关利益冲突规避情况下的专家推荐研究。以往的相关研究大都考虑如何寻找直接的利益冲突关系，并将其融入到现有的专家推荐方法中。然而，不少研究仅考虑利益关系的有无，但对于如何测量潜在利益冲突关系及其强弱程度则少有研究。但在具体实践中，相对于只考虑存在与否的直接的利益冲突关系，具有强弱程度的潜在利益冲突程度更符合实际情况。目前，关于评审专家分配的研究把论文与专家之间的关系作为主要考虑的因素，并将论文本身的要求和专家本身的能力作为约束条件，而对论文的作者-专家之间的关系作为次要考虑因素。而这些问题的考虑可能导致评审过程出现潜在的不公平现象。针对这种不足，第 9 章将介绍一种基于学术网络的论文评审专家分配方法。在该方法中，待评审论文的作者与专家间的利益冲突关系也作为主要考虑的因素，以保证评审过程的合理和公平要求。

此外，不少专家权威度建模方法借助文献计量学或社会网络分析法评估专家的权威度和学术影响力，以遴选出特定领域内具有较高权威度的专家。在第 10 章中，本书将为多篇同时到达的待评审论文推荐出包括评审组长和评审组员的一个专家组。评审组长和评审组员都需要承担一定的工作量。但是，评审组长是其中资历相对较高的评审专家，且对论文包含的各个领域均有涉猎，需要把控评审组中各个专家的评审过程和评审质量。

第3章 技术框架

科研论文是专家研究主题的重要反映，也是评价专家科研能力的重要依据，本书以专家在科研过程中所发表的论文为主要研究对象。因此，本章首先将对本书中将要使用的数据集和基本的数据预处理方法做出介绍，然后将具体介绍本书所涉及的几个研究问题的背景，最后将具体给出全书的总体技术路线。

3.1 数据来源及数据预处理

3.1.1 数据来源

1）万方数据集

本书选取管理科学与工程作为主要研究对象。管理科学与工程是一个交叉学科，其中包含工程、医学、管理学、信息科学、社会科学等相关领域。

本书首先从国家自然科学基金委员会网站中选取管理科学部下 G01 管理科学与工程下的子类 G0112 信息系统与管理，人工抓取 2004~2014 年申请基金的申请人的基本信息（包括申请人的姓名、单位、项目名称、项目的编号、申请金额、项目开始到结束的时间、项目申请的时间等），共获得了 319 个项目，本书主要是利用申请项目的作者信息。因此，利用申请人的姓名和单位作为唯一的标识符，去重后共得到 256 个申请人。这些申请人作为数据集的第一层种子。

得到这 256 位申请人的信息后，利用申请人姓名和单位信息从万方数据库的学者检索作为入口，得到了这 256 位作者的主页信息，并从中爬取了与其有论文合作关系的所有学者作为第二层种子（包括第一层种子中的申请者）。然后，再次爬取上述所有学者的主页信息以及论文页信息，爬取的信息主要包括：姓名、单位、发文量、被引次数、H 指数、论文发表的期刊、专家在哪些学科中发文、专家的关注点、合著者、文献发表的时间、文献被引频次、文献发表的期刊、文献所属的学科、论文献的摘要和关键词等。数据集去重后共得到 75, 880 篇文献有摘要、71, 464 篇文献有关键词，共计 5, 526 个作者信息。

2）ArnetMiner 数据集

同时，为验证所提出模型的可靠性，在本书的部分章节实验中还对 ArnetMiner 数据集做出分析（Tang, 2008）。本书从 ArnetMiner 数据集中选取了发文量大于 40 的作者，并假设这些作者可以承担领域专家的角色。这样共获得 6, 173 位专家，

427, 575 篇论文。同样，本书从 6, 173 位专家中随机抽取出 500 位专家构成专家库。

根据本书研究的数据需求，从两套数据集中分别抽取专家的以下数据字段作为数据分析的基础，数据字段如表 3-1 所示。在后续的实验中，根据不同的算法特点，从两种数据集中选取了不同的训练和评测数据集。

表 3-1　专家的数据字段

序号	字段名	类型	描述
1	专家姓名	文本	记录专家的姓名
2	专家单位	文本	记录专家的工作单位
3	专家发表论文	文本	记录专家发表的所有论文
4	论文摘要	文本	专家发表论文的摘要信息
5	来源	文本	专家论文的期刊来源
6	关键词	文本	记录专家发表论文中所有的关键词，形成关键词词表
7	发文时间	时间	记录专家发表论文的时间信息
8	合作信息	文本	记录专家发表论文的研究合作者
9	引用信息	文本	记录专家发表论文的参考引文

3.1.2　数据预处理

本书首先对抓取论文的相关信息进行文本预处理。文本预处理的主要任务是将文本转化为由其包含的基本语义单位组成的列表。因此，数据预处理主要是对文本信息数据进行中文分词、去除停用词等相关程序，对论文的文本信息进行数据清洗，将论文文本信息转换为词的序列。通过文本的预处理，可以实现将文本分析中意义不大或者几乎没有代表意义的词语从分词词库中删除掉，使得基于中文分词所构成的词汇更加具有代表性和分析价值。

对于英文数据集来说，单词之间用明确的空格来分隔，一个独立的单词就是一个词。而对于中文数据而言，词与词之间没有明显的划分。为此，本研究首先利用中国科学院汉语分词系统 NLPIR 将专家发表论文的摘要信息进行分词处理。在分词过程中发现，目前的分词工具通常会把某些有实际意义的词分为两个词，例如，会把"数据挖掘"分为"数据"和"挖掘"，这大大地影响了分词的准确性以及后续的语义匹配。为此，本研究首先抽取专家发表论文的所有关键词，形成关键词词表。在分词过程中，将词表中的词作为独立意义的词来区分。

一个词项如果在文档集中出现过于频繁，其概率超过了 80%，一般而言，这样的词项对于文本的内容没有区分意义，这些词通常被称为停用词。因此，对中文数据集分词后,需要将这些停用词项从文本中过滤除去,即停用词过滤(何金凤,2008)。对于停用词的过滤,目前结合相关学者的研究,主要可以分为两种方法:一种是通过建立停用词表来实现,其处理过程较为简单,对每个词项,看其是否在停用词列表中,如果有,则将其从词条串中删除;另一种方法是基于统计的方法来实现,即通过统计每个词项在文档集中出现的文档数,如果超过总数量的某个百分比(如 80%),则视为停用词,将该此项过滤掉。本研究利用停用词表对文档中的停用词进行过滤。同时在实验过程中,根据实验结果,又自行定义了小规模停用词表,以在原有的停用词表基础之上添加所需的额外停用词。

此外,部分专家出现重名的现象。本研究首先利用作者的单位信息来区别重名专家,然后人工区分作者与单位同时重名的情况。

3.2 技 术 路 线

针对以上研究问题,本书计划的总体技术路线如图 3-1 所示。

本课题首先构建专家库,并获取专家库中专家发表科研论文、专家之间的引用数据、合作关系数据以及学科标签数据。接着,本书将在第 4 章对专家发表的科研论文做知识组织与聚合研究,从多学科研究的角度对相关知识结构做出全面的梳理与分析,从而反应该研究领域的发展态势,把握该领域的研究热点。同时,本书在第 5 章使用多种机器学习算法对论文未来引用情况进行了分类预测以及对论文引用相关因素进行了重要性排序。这两项工作将为后续的研究打好基础。经典文献计量学对细节化的专家权威度刻画不足且大都忽略了专家研究兴趣等问题。为此,本书分别对主题覆盖度及权威度的刻画、专家兴趣变化等问题分析专家与待评审论文的匹配度。同时,本书针对多学科研究中主题相对区分度较大这一问题设计了监督式学习主题模型,以充分利用学科知识结构关系。此外,本书还考虑了所推荐的专家与待评审论文作者潜在的利益关系。最终,本书借助经典文献计量学方面有关主题重要性方面的相关研究,针对一组待评审论文,实现包括评审组长和评审组员的推荐。本书的几个研究问题逐层推进,最终形成一套较为完整的基于特征挖掘与融合的专家推荐的模型方法和理论体系。

1)基于 AT 模型的多学科知识结构分析的知识提取

在有关知识结构探究的相关研究中,文献的关键词、作者、期刊、参考文献等内容的基本信息单元属于外在特征结构的分解,而知识单元则属于对文献内容结构的分解。从文献基本信息单元层次的计量,深化到知识单元层级的分析,再进一步研究各知识单元间的内在联系,能够在原有知识的基础上产生极大的知识增值。这些深入的分析研究可以帮助科研人员在学术研究中开展知识组织、知识发现、探索知识结构等活动及寻找新的研究方向。

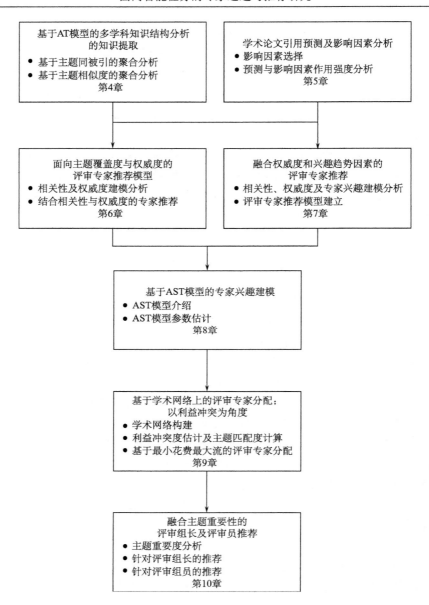

图 3-1 总体技术路线

在学术界，有学者提出了知识基因、知识单元以及概念地图等概念。例如，文庭孝等指出，确定一个科学合理、可操作性以及独立稳定的知识单元，是当前研究的当务之急以及突破点（文庭孝，2010）。但知识单元存在多重表现形式。从实质上来看，知识单元可以表征为一组信息单元的集合、一个完整的知识概念或者相关的知识内容。此外，发现知识资源之间的浅层关系，以及其内在的语义关联关系，是实现知识聚合分析的前提条件。通过借助于语义分析等知识组织技术与方法，可以更好地认识知识单元的属性以及知识单元之间的关联关系，进而进行知识聚合以及研究分析(赵雪芹，2015)。

为此，本书拟从领域研究者的角度出发，利用文献中潜在的主题内容对知识单元进行表征，并在此基础上进行聚合研究与分析。具体地说，将知识挖掘与主题分析进行有效的结合，利用 AT 模型，抽取文献所包含的主题要素，实现对文献内容知识单元的提取和描述。同时，AT 模型可帮助表征论文与主题间的分布概率、主题与词汇间的分布概率、主题与作者间的概率分布等。根据这些概率映射关系，构建主题同被引矩阵以及主题相似度矩阵，进行聚类分析以及网络属性分析，实现从社会网络关联度以及主题相似度的角度对文献中的主题进行知识组织与聚合研究，从而达到研究学科知识结构的目的。该方法能够以一种新的视角对该学科领域的知识结构进行全面的分析，通过科学的结构关系图反映学科多层次领域发展态势，把握科学研究特点，揭示学科领域中的研究热点。

2)学术论文引用预测及影响因素分析

随着科学研究的发展，每年都有大量新的学术成果发表。同时，由于学科间的交叉融合日趋广泛和深入，很多学术成果会涉及多个研究领域。这样，研究人员很难在有限的时间内关注其研究领域内所有出版物的动态。一般来说，在众多的相关论文中，研究人员会更倾向于选择有较大价值的论文，然而在阅读论文前就确定其是否有较大价值几乎是不可能的。如果能够预测论文在未来几年内的被引次数，从而间接地确定该论文是否有价值，则能够在一定程度上缓解科研人员搜集和处理论文资料的压力，将时间和精力更多地投入其他的科研活动中。另外，对于科研管理部门和基金资助机构来说，他们也希望了解未来哪些论文能够获得更多的关注，从而帮助了解学科发展趋势，确定资助领域和课题。

学术影响力相关研究一直是学术界关注较多的一个领域，如何评估论文的质量是一项复杂而又艰巨的任务。为了度量学术影响力，研究人员已经提出了很多度量指标，其中被引频次是其中最简单、标准和客观的度量方法，人们一直利用被引频次来衡量学者、研究机构或者研究成果在某一领域的地位。陈仕吉等提到，在引文分析中，被引频次常常被用来评价学术影响力，并被认为是最普遍通用的指标(陈仕吉，2013)。对文献被引频次的讨论一直备受学术界关注，研究人员通过文献的被引频次大小可以识别出重要的学术成果。Google Scholar 在对论文排序的时候就把被引频次看作为权重最高的因素(Bee，2009)。Padial 等认为那些得到较少引用论文的质量低于其他的论文(Padial，2010)。而 Bornmann 等则认为，当一篇论文比其他论文得到更频繁的引用时，那么相对于其他论文来说，被频繁引用的论文具有更高的质量(Bornmann，2012)。因此，研究人员往往会关注其成果当前及未来的被引用情况，关注影响成果被引的因素，以期提升其成果的被引次数。

　　但是，许多研究人员也提出了其他一些评估论文质量的指标。比如，Garfield提出了基于被引频次的影响因子来衡量期刊的权威度(Garfield, 1955)。研究人员将他们的研究结果发布出来，是为了吸引大家的关注，以在科学界造成一定的影响，他们喜欢在具有高影响力的期刊上发表论文，以吸引更多的读者，获得更多的被引频次(Bhandari, 2007)。因此，发表论文的期刊的影响因子等指标也可以在一定程度上表征论文的质量。Hirsch 则提出 H 指数来衡量学者的影响力和权威度，以有效地评价研究者的学术成就(Hirsch, 2005)。在这些指标下，期刊等总会尽力去提升自己的影响因子，而学者则更加于关注自身的 H 指数，这也在一定程度上促进了学术领域的健康发展。

　　除指标定义方面的研究，随着信息技术的飞速发展，特别是机器学习技术的普及，人们越来越多的关注学术论文引用预测领域的研究。从 2003 年 KDD CUP引入学术论文引用预测赛事，越来越多的研究人员投身于这一领域当中，并取得了丰硕的成果(Gehrke, 2003)。

　　在一些研究中，论文被引预测常被定义为一个回归问题(Xiao 2016; Chakraborty, 2014; Pobiedina, 2014, 2016; Shen 2014; Wang 2013; Yan, 2011, 2012; Shi, 2010)，即利用一篇论文的特征来预测这篇论文在未来某时间点的被引频次。然而，为了能够得到较好的预测结果，此类相关研究通常会对数据集合做出一定的预处理以符合实验要求。如 Shi 将数据集合中引用次数小于 10 的论文全部去掉(Shi, 2010)，Wang 等则只使用了在发表前 5 年内被引频次超过 5 的论文作为实验数据，这就导致实验数据与真实数据分布可能不一致的情况出现(Xiao 2016; Shen 2014; Wang 2013)。Dong 在论文中也指出，由于论文引用具有明显的长尾效应(Dong, 2015)，因而论文的被引预测其实并不适合采用回归的方式，所以他从另一个角度将被引预测定义为分类问题，即只预测在未来某个时间点，某位作者某篇文章的被引频次是否能超过作者的 H 指数，如果超过，则说明这篇文章有助于提升作者的影响力，否则说明这篇文章并没有提升作者的影响力。将被引频次预测从回归问题转变成分类问题以后，由于预测粒度变粗，就可以利用更加符合真实分布的数据，训练出的模型也具有更好的泛化能力，使得研究更有现实价值。因此，在后续研究中，越来越多的研究将论文被引预测定义为分类问题(Mckeown, 2016; Nezhadbiglari, 2016; Bhat, 2015; Pobiedina, 2014)。本书将论文被引频次预测定义为一个分类问题，主要分析一篇文章在一段时间后是否可以提升其作者在论文发表当年的篇均被引频次，并从论文、作者和期刊等三个方面分析其影响因素的强弱。

　　3)一种面向主题覆盖度与权威度的评审专家推荐模型研究

　　在评审专家推荐中，通常既要保证推荐出的专家与待评审论文在研究主题的相关性较高，也要求他们在待评审论文的研究领域有较高的权威度。目前，不少研究从基于相关性的专家推荐(Kou, 2015; Hettich, 2006)和基于权威度的专家推荐方法(Liu, 2014)等两方面展开探索。基于相关性的专家推荐主要利用向量空间模型、LSI、统计语言模型或者主题模型等计算专家和待评审论文的相关性，而基于权威度的专家推荐方法主要借助于文献计量学或社会网络分析法评估专家的权威度和学术影响力。

但专家在科研活动中常会涉及多个子研究主题，且一篇待评审论文也可能蕴含多个子主题。因此，一方面要考虑专家与待评审论文的主题相关性，另一方面也要考虑专家的多个子研究主题是否能够覆盖待评审论文的多个子研究主题。这就要求，对于主题覆盖度高的专家理应给予较高的权重，应优先被推荐出来。同时，在专家权威度衡量方面，不少研究往往利用引文量、H指数等指标或学术网络的链接结构来推断。然而，这些研究忽略了专家关于不同研究主题的权威度变化及权威度随时间发生变化等问题。这些问题影响着对专家权威度的判断，从而导致基于这些算法的系统可能没有将某些论文推荐给最合适的专家。

本书首先分析专家知识以及待评审论文的研究内容，并提取两者涉及的多个子研究主题；然后，计算专家知识对待评审论文子主题的覆盖度，并提出融合主题特征与时间特征的权威度算法 TTAM(temporal topical authority model)来分析专家权威度；最后，提出融合主题覆盖度和专家权威度的专家推荐框架 CAUFER(coverage and authority unification framework for expert recommendation)，综合考虑覆盖度和权威度两个因素为待评审论文推荐合适的评审专家。实验结果表明，与经典的基于向量空间模型、语言模型和 AT 模型等三种专家推荐算法相比，本书提出的算法能够较好地提高专家与待评审论文的匹配度，并追踪专家权威度的变化及刻画专家在特定主题下的权威度，提高了专家推荐的准确性。

4) 融合权威度与兴趣趋势的评审专家推荐模型研究

目前，在专家推荐领域，不少研究人员运用信息科学领域的模型方法，从描述专家的研究领域出发，通过不同的检索策略与匹配方法，计算待评审论文与专家研究领域的相关性，并综合专家的权威度、研究背景的多样性等特征，尝试智能地为待评审论文寻找评审专家。

然而，当前不少研究大都仅针对同一类型的科研数据展开，没能很好地挖掘多种类型的科研数据对专家推荐的价值。并且，这些研究大多都集于专家与待评审论文研究主题相关性和专家权威度，忽略了专家的兴趣。专家的研究兴趣对专家的建模和推荐有着重要影响。若一位专家对某领域有兴趣，该专家可能会关注该领域的最新科研成果，并对该领域研究成果的把握可能会更加全面。因而，此类专家可能对该领域相关待评审论文所提出的审稿意见也会更科学。有关专家兴趣分析的文献大都没有把专家兴趣与专家研究主题和专家知识做出区分。这些研究大都是基于专家已发表科研论文的文本内容展开，未考虑到专家研究兴趣的演化趋势及专家兴趣的转移。少部分研究对兴趣演化做出初步的探索，但这些研究多是通过绘制出的兴趣变化曲线做出直观的描述，未建立起客观标准来衡量专家兴趣。

本书提出了一种融合权威度和兴趣趋势的评审专家推荐模型 AITUM（authority and interest trend unification model）。该模型首先假设专家已发表的论文可用来分析学者的研究专长。在此假设下，本书提取了待评审论文的研究内容，分析专家在待评审论文研究内容下的权威度，并对专家在该方向的兴趣演化趋势进行建模。最后，本书将专家推荐建模成一个融合专家的权威度和兴趣趋势因素多约束条件下的优化问题。本书做出大量对比性实验，证明所提出的模型在所推荐专家列表的相关性、权威度和兴趣趋势等指标上均优于向量空间模型、概率语言模型和 AT 模型。

5）专家研究兴趣建模

在考虑评审专家推荐问题时，所推荐专家的研究兴趣不仅应该与待评测的论文相匹配，还应该使得推荐出的一组专家的研究兴趣能够尽可能大地覆盖到一篇论文的各个研究方面。然而，在当前学术研究中，交叉研究和跨学科研究是广泛存在的，一个专家学者可能存在多个感兴趣的研究领域。主题模型能够将文本内容用一系列主题的概率分布进行表示，因此可以利用这种方式来方便地对专家的研究兴趣进行建模。但是，传统的主题模型如 LDA 模型、AT 模型中大都只利用到了专家的文本信息，即每个专家形成的主题分布只是依靠专家自身的文档内容，而文档之间的相似信息并没有被充分利用到。比如，对于两个不同领域专家的两篇不同论文来说，虽然它们分属不同的专家，但是所涉及的领域可能是相似的。在以往的工作中，较少研究考虑到学科交叉成为当前学术研究领域的一个比较重要的趋势，但这在专家兴趣建模中是较为重要的一方面。此外，由于 AT 模型只有一个主题隐含层，这对专家研究兴趣建模是一个较大的限制。基于上述原因，本章首先充分挖掘候选专家的潜在研究兴趣，对专家的研究领域进行建模。

同时，注意到在主流学术网络数据库中，作者或者其论文信息都被打上相应的学科标签信息，如万方数据库或者 web of science（WoS）核心集合等。这些学科标签通常是用来作为一个结构化层次系统对论文进行组织，方便人们检索的，然而这些学科标签都在某种程度上反映出了专家所属研究领域或者研究兴趣。比如，Chua 等分析了 WoS 中的学科标签为"information science&library science"的相关研究，并利用将专家类似的学科标签收集起来分析专家在学科层次的研究兴趣（Chua, 2010）。遵循 ACT 模型（Tang, 2008）以及 LIT 模型（Kawamae, 2010）中引入一些隐含特征或者隐含层次的思路，本章将专家的学科标签收集起来，并计划对传统的 AT 模型进行扩展，以便于更好地实现对专家兴趣的建模，以最终利用构造好的专家研究兴趣模型进行相关的推荐工作。

为考虑多学科研究的特殊性，本书对传统的 AT 模型进行扩展，一种监督式学习主题模型 AST（author subject topic），以提升对专家先验知识建模的准确性并捕获专家在细节方面研究兴趣的差异。最后，本书做了大量对比性实验，实验结果表明，与传统的 AT 模型相比，AST 模型在多种评测指标如混杂度、主题覆盖度、对称 KL 距离等方面均取得了较好的效果。同时，实验结果也证明了基于 AST 模型所做出的专家推荐将优于基于 AT 模型所做出的推荐。

6）考虑利益冲突的专家推荐优化模型

评审分配问题不仅需要考虑待评审论文与评审专家的主题匹配，还应考虑待评审论文的作者与评审专家之间不应该存在利益冲突。例如，学者之间利益冲突的各种具体表现可能包括合作或者合著关系、同事关系及同学关系、学生与指导老师关系、同为某一活动或会议的组织者等（Long, 2013）。但相关研究仅考虑了一些直接关系所带来的确定的利益冲突，而忽略了间接关系带来的潜在的利益冲突。

相关研究只考虑了这些直接关系所反映的利益冲突，忽略了间接关系带来的潜在利益冲突。事实上，一些间接的合作关系引发的利益冲突关系也需要考虑，例如，学者 A 与学者 B 曾经合作发表过多篇论文，学者 B 与学者 C 同在一个科研机构工作较长时间，那么即使学者 A 与学者 C 没有直接的学术关系，但通过学者 B 建立利益冲突关系的可能性也不容忽视。所以，在评审专家分配问题中，多种间接学术关系引发的潜在利益冲突关系也需要规避，否则分配结果可能包含潜在的不公平因素。

此外，不少相关研究仅仅考虑利益冲突关系存在，较少地考虑这些关系的强弱程度。而在不少真实场景中，仅考虑利益关系"存在与否"的可能无法直接分析潜在学者间的冲突。例如，学者 A 与学者 D 多年以来只合作发表过一篇论文，而学者 D 与学者 E 曾在同一个科研机构工作过较短时间。那么，即使学者 A 与学者 E 有间接的学术关系，他们通过学者 D 建立的利益冲突关系也很微弱，甚至可以被忽略。所以，在评审专家分配问题中，潜在的利益冲突关系可能还受时间、频率等强弱关系的影响，需要谨慎地分析衡量这些关系，否则评审专家分配的效果会受到一定影响。

针对评审分配问题中对潜在利益冲突关系考虑不足之处，本书在直接利益冲突规避的基础上，进一步在评审分配问题中考虑了潜在利益冲突关系。具体来说，基于学者和科研机构的学术网络，本书对面向论文审稿的专家推荐中如何规避待评审论文与所推荐的专家间的潜在利益冲突关系展开分析，提出一个基于学术网络的评审专家分配方法，在评审专家分配问题中考虑了最小化潜在利益冲突及最大化研究主题匹配。目的在于使评审专家分配工作更为有效地规避评审专家之间的潜在利益冲突关系。首先，基于学者的学术活动，本书构建了学者和科研机构的学术关系网络；其次，基于学术关系网络，估计待评审论文所代表的团体与评审专家间的潜在利益冲突关系；最后，将专家推荐问题转化为一个最小花费最大流问题，以求出最小化利益冲突程度和最大化主题匹配程度的合适的评审专家。根据真实的学术活动数据集和一个学术会议的投稿论文分配审稿人任务，本书通过多组实验验证了所提出方法的有效性和可用性。

7）融合主题重要性的评审组长及评审专家推荐模型

在以主题表示论文或专家知识结构的相关研究中，较少考虑到不同主题在学科背景下重要性差别。例如，在一个特定学科内，有的主题可能较为基础，且不少研究都涉及到该部分内容。与此相反，同样在该学科内，可能还存在某些主题收到相对较少的关注。假设某一待评审论文重点探讨了这种相对较少关注的主题。因此，为保证评审质量，对该篇待评审论文，应尽可能推荐对该主题相对较为了解的评审专家。同时，Tang 等在文献（Tang, 2012）中提出，评审专家存在不同的级别，有的专家级别相对较高，而有的专家级别相对比较一般，但该文献并未进一步针对两种评审专家给出具体的推荐方法。

借助于经典文献计量学，并分析主题在学科中出现的频率，本书提出了一种综合考虑主题重要性的专家推荐模型。模型将推荐过程建模为整数优化问题，以高效地为多篇待审文稿推荐评审组长和多名评审专家。依据主题在学科中出现的频率，研究分析了待评审论文中主题的重要性，使主题更好地表达待评审论文或专家专长。为检验模型的效果，研究从覆盖率、平均审核人次和推荐结果与主题重要性的相关性等三个角度，将提出的模型与其他两种常见的专家推荐方法做出比较。实验结果表明，提出的模型可以较好地完成专家推荐的任务。

第4章　基于 AT 模型的多学科知识结构分析

本章从领域研究者的角度出发，利用文献中潜在的主题内容对知识单元进行表征，并在此基础上进行聚合研究与分析。为此，本章将 3.1.1 节中介绍的万方数据集展开研究，从多学科领域的研究视角，对信息系统领域相关的研究进行分析。如 3.1.2 节所述，本章首先对数据集展开分词、停用词清洗等预处理工作，然后借助 AT 模型实现对文献主题的提取。在此基础上，提取文献资源的外在特征，分析作者与主题之间的概率分布关系，以从文献内容细粒度的角度，揭示多学科领域的文献中的研究主题，实现资源的知识聚合研究，以反映学科多层次领域发展态势。利用 AT 模型提取主题的流程如图 4-1 所示。

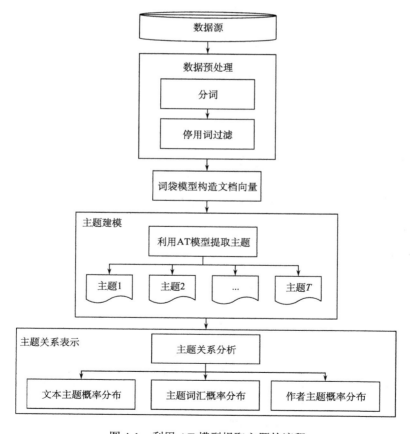

图 4-1　利用 AT 模型提取主题的流程

4.1　主　题　提　取

4.1.1　实验参数的设定

在数据集预处理的基础上，本章以词的序列输入 AT 模型（图 2-4）。这里首先对 AT 模型的参数进行设定，α 和 β 分别设置为 $50/T$ 和 0.01，T 为主题数目，主题词个数设为 20 个，每个主题下的作者数设为 20，初始循环次数设为 500。

AT 模型的效果必然受到主题数目 T 的影响。但是，T 通常是人工预先指定的，并存在一定的主观性。因此，为减少此种影响，学术界通常对一系列 T 值分别进行建模，并评价模型的好坏，以得到最佳主题数。本章将利用困惑度（perplexity）对 AT 模型的表现效果进行衡量。困惑度是一个标准的测量方式，能够表示模型预测数据时的不确定性，常用以评估概率模型的表现效果。本章通过分析不同主题数条件下的困惑度大小来判断 AT 模型的性能。困惑度的值越小，模型性能越高，模型的泛化能力越好。具体计算公式如下：

$$\text{perplexity}(w_d \mid a_d, D^{\text{train}}) = \exp\left[-\frac{\ln P(w_d \mid a_d, D^{\text{train}})}{N_d}\right] \quad (4\text{-}1)$$

其中，a_d 表示作者 a 的第 d 篇文章，D^{train} 表示训练语料库，w_d 表示第 d 篇文章中的所有单词，N_d 表示第 d 篇文章中单词个数。

4.1.2　实验过程

本节首先利用困惑度对主题的个数进行选择。实验将全部论文摘要信息的 90% 数据作为训练集，10% 的数据用作测试集，同时测试 T 取值为 50~130。困惑度变化如图 4-2 所示。从图中可以看出主题数目为 100 时，模型效果最好。因此，

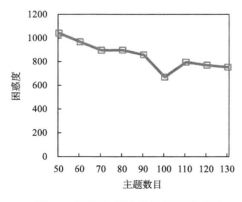

图 4-2　不同主题数目的模型困惑度

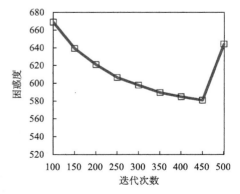

图 4-3　不同迭代次数的模型困惑度

本章将主题数目 T 设为 100。然后，在主题数目固定的情况下，分析迭代次数，寻求模型的最优结果，结果如图 4-3 所示。

根据图 4-2 和图 4-3 中的有关模型困惑度，本章将主题数设为 100，迭代次数设为 450，完成相关信息的提取。提取的信息主要包括文本主题概率分布、主题词汇概率分布、主题作者概率分布以及作者主题概率分布等。

为了更好地理解与分析主题的提取结果，表 4-1 列出了 AT 模型所提取的 3 个相关联的主题。

表 4-1　根据 AT 模型计算得到的三个主题

主题 69（信息系统管理）		主题 81（公司绩效管理）		主题 90（企业战略管理）	
词汇	概率	词汇	概率	词汇	概率
管理	0.0749	审计	0.0551	企业	0.238
系统	0.0680	公司	0.0258	能力	0.0381
信息	0.0520	绩效	0.0235	战略	0.0357
流程	0.0355	激励	0.0232	竞争	0.0307
信息系统	0.0319	上市公司	0.0197	选择	0.0236
模型	0.0316	治理	0.0149	管理	0.0183
集成	0.0308	我国	0.0146	联盟	0.0161
企业	0.0254	财务	0.0137	关系	0.0160
决策	0.0241	企业	0.0133	绩效	0.0153
模式	0.0200	会计	0.0132	资源	0.0153
主题 69（信息系统管理）		主题 81（公司绩效管理）		主题 90（企业战略管理）	
用户	概率	用户	概率	用户	概率
安 YL	0.567	钱 YH	0.675	曾 LH	0.500
姚 RX	0.565	曲 KS	0.616	许 JF	0.428
田 RP	0.529	杨 F	0.597	马 RC	0.421
陶 L	0.419	翟 YH	0.562	郭 MZ	0.394
洪 QH	0.397	赵 XB	0.560	鲁 MY	0.350
朱 DQ	0.395	桑 YL	0.553	莫 JH	0.328
齐 Q	0.390	鄂 X	0.542	江 YH	0.321
莫 Z	0.387	黄 B	0.541	王 ZQ	0.310
彭 LJ	0.382	陶 Z	0.530	周 QH	0.306
任 XH	0.373	魏 W	0.528	孙 JT	0.301

三个主题包括企业信息系统管理、公司绩效管理、战略管理。这里主要列出了主题词汇概率分布以及主题作者概率分布。其中，每个主题的描述包括两个部分：与主题相关的 10 个词汇（按照概率由大到小排列）；与主题相关的 10 个作者（按

照概率由大到小排列,作者以姓氏加名字的首字母缩写所表示)。通过表中的内容,可以实现相似主题下的内容分析,以及从显性知识揭示学科研究内容。同时,该表有助于把握在研究领域对应的作者分布情况。在此基础上,结合作者概率分布,可完成对不同作者的研究兴趣度的整体衡量,帮助实现从隐性知识揭示学科研究结构的特点。

本章利用 AT 模型,从文献集合中提取文本主题概率分布、主题词汇概率分布、作者主题概率分布以及主题作者概率分布等。通过对这些概率分布进行分析,可以实现对该学科的研究内容做知识聚合与知识重组。

4.2　基于主题同被引的知识聚合分析

不少计量学的研究都是基于元数据本身展开的。其中,元数据是描述数据的数据,是文献信息的抽象。数字文献资源计量语义化主要分内容语义化与组织语义化。其中,内容语义化主要体现为文献主题词的抽取及其概念关系的分析,而组织语义化主要体现为以元数据为基础的计量分析,包括文献标题、作者、期刊、学科、关键词等元数据记录(王菲菲, 2014)。本章借助于内容语义化的观点,对主题词与作者之间的关系建立关联矩阵,从社会网络的角度对主题之间的关系以及内容进行有效的揭示,发现潜在关联,进行知识聚合分析。

此外,还有研究人员从发文作者以及参加相同会议的学者共现角度探讨其研究内容之间的关联性。例如,Ni 等从作者角度,分析期刊之间的交叉情况、整个学科领域的结构及热点主题,并提出了 "venue-author-coupling" 模型(Ni, 2013)。该模型通过利用期刊共现相同的发文作者的数量,构造期刊与学者间的相关关系,然后根据这种相关关系对期刊的相似性进行计算。在此基础上,对期刊做聚类分析,从而通过作者社区识别学科结构。与此类似的是,Cabanac 等提出了 "graph of venues" 模型来分析学者间的相似性(Cabanac, 2011)。该模型假设若两个学者常参加相同的学术会议,则说明他们的研究在一定程度上具有相似性。

借助于上述思路,本章利用 AT 模型提取了作者与主题概率分布,并基于作者共现次数构建主题同被引矩阵。随后,本章对该矩阵做聚类分析,实现主题内容的聚合与研究。

4.2.1　主题同被引定义

Small 等提出了著名的同被引分析理论(Small, 1981)。同被引分析是用来测量文献间关系程度的一种方法。两篇论文共同被后来的一篇或者多篇文献所引用,则称这两篇引文同被引。在同被引分析中,常以引用论文数量的多少为测度。此种测度方式称为同被引频次或同被引强度。同被引强度越大,即同时引用这两篇论文的文献越多，说明它们之间的关系越密切。而 White 和 Griffith 基于同被引分析，提出了作者同被引分析(author-cocitation-analysis, ACA)(White, 1981)。在经典的 ACA 中，被引作者是基本的分析单位。基于 ACA，有不少学者展开关于学科知识结构分析方面的研究。例如，有学者利用 ACA，对战略管理为研究领域(刘林青, 2005)、情报学领域(马费成, 2006)及多个学科领域(刘则渊, 2008)做出学科知识结构的分析与探讨。

本章将对 ACA 做出调整，提出主题同被引的概念，即利用主题这一层次来代替文献或作者等相关概念。主题同被引是一种由引用者建立起来的关系，它将各种主题相关联，揭示主题间的相互依赖和交叉等关系。在此基础上，主题同被引强度衡量两个主题之间被众多引用作者所共同认可的相关性。这种相关性可有效地反映被引主题间的语义相关性。为此，主题同被引次数可通过下述步骤做出定义：首先，利用 AT 模型可帮助推导出作者 A_i 在其论文中标引主题 T_j 的概率为 p，标识为 author-topic(A_i, T_j, p)；然后，在给定某阈值的情况下，根据作者主题关系，可推导出 topic-author-cocitation 关系(T_i, T_j, n)，即表示主题 T_i 和 T_j 标引相同的作者的人数为 n。

4.2.2　主题同被引计量分析

基于作者主题的概率分布，本节首先假定作者对应的主题概念大于 10%。基于此阈值，统计分析每个主题对应的作者总数。主题的被引频次可以反映不同主题的研究热点，而高被引频次则可以证明这些主题对该学科领域的学者研究起到巨大的影响，属于该领域学者共同研究的内容。此项研究将帮助研究人员把握领域内的研究热点、主导该领域作者的研究内容以及研究方向。根据此种方法，通过对数据集中有关高频次主题的研究，可以快速地了解信息系统领域相关研究者的研究内容、研究热点以及研究方向。表 4-2 给出了主题被引频次大于 140 的主题，共计 22 个。

表 4-2　22 个被引主题及被引频次

序号	主题	被引频次	序号	主题	被引频次
1	24	263	8	69	198
2	40	243	9	54	185
3	99	230	10	0	183
4	71	216	11	9	178
5	89	208	12	11	167
6	6	202	13	70	163
7	19	199	14	87	159

序号	主题	被引频次	序号	主题	被引频次
15	68	157	19	35	148
16	1	153	20	78	148
17	10	151	21	26	141
18	90	151	22	81	140

表 4-2 说明了不同主题的被引次数分布情况。同时，该表还能在一定程度上反映该研究领域作者研究内容的热点、方向以及集中性，帮助揭示领域主题的研究热度以及研究方向。根据统计结果，被引主题频次最高的为主题 24，其对应的主题为客户价值管理。其次为主题 40，其主题为模型可视化。其他主题包括函数矩阵、细胞检测、术后治疗方法、信息系统管理、模型计算方法、糖尿病治疗、患者护理、博弈模型、企业战略管理等。通过统计主题被引频数，可以表征研究领域中哪些主题得到该领域众多研究者的关注。

被引频次统计的研究对象是主题与作者之间的关联关系。而主题与主题之间的潜在关联关系则可以借助于作者的共引频次来实现。下面首先将利用作者主题的概率分布统计主题同被引次数。然后，选取高被引的主题，形成主题同被引次数矩阵。该矩阵为对称矩阵，对角线的数据将定义为缺失值，而非主对角线中单元格的值为主题同被引次数。表 4-3 列出了该矩阵的片段，矩阵中的值即为主题之间的同被引次数。

表 4-3　同被引矩阵片段

主题	0	1	6	7	9	10	11	19
0	0	0	0	0	14	0	0	1
1	0	0	2	2	1	2	3	0
6	0	2	0	0	2	1	0	0
7	0	2	0	0	1	0	3	0
9	14	1	2	1	0	7	3	4
10	0	2	1	0	7	0	0	0
11	0	3	0	3	3	0	0	0
19	1	0	0	0	4	0	0	0

4.2.3　主题同被引的聚类分析

在文献计量学的研究中，同被引聚类分析是常用的技术之一，可帮助揭示科技论文数据的特征关系，描述某一学科或者领域的研究结构及概况等。

　　主题的同被引矩阵作为论文与作者之间关系的数学描述，反映了样本主题之间的关联关系。通常，同被引矩阵是一种相似性矩阵。其中，矩阵中元素的数字越大，则表示两个主题被众多的研究者共同研究，这隐含说明两个主题之间越相近，及主题对之间存在较强的关联关系或者潜在语义关系。而有关同被引矩阵的层次聚类分析是较常用的技术。层次聚类分析的结果也能够通过树的形式展示类之间的关系，能够帮助发现整体的类目。本章将借助层次聚类分析来揭示共现矩阵的关联结构，帮助认识和描述学科知识内容，发现主题之间潜在语义关联关系，及寻找新的研究方向和研究目标。本章将选择离差平方和作为基准，实现对主题同被引矩阵的层次聚类。聚类结果如图 4-4 所示。

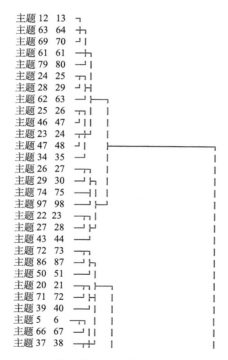

图 4-4　主题同被引矩阵聚类结果（截取部分展示）

　　聚类图中最左边的一列为各个不同的主题，数字代表主题所属的序数。最初，每一个主题都是单独的一个类。然后，通过计算每一对主题之间的相似性，实现分析主题间的聚类。随着被分类主题之间的聚类越来越大，所有的主题最终都会成为一个类。本章将在不同的距离水平上对聚类树图进行分割。从图 4-4 可以看到，树的结构可以分为以下三个大类。

(1)第一类，主要关于信息系统相关内容以及与不同学科之间的关系，包括系统设计、系统方法、系统模型与算法挖掘等内容。而信息系统相关内容与其他学科之间的关系则包含在地理学科、图书馆服务、客户管理等方面的应用。详细内容主要为：主题 12（文化发展）、主题 63（盆地特征）、主题 69（管理信息系统）、主题 60（算法挖掘）、主题 79（模型方法）、主题 24（客户管理）、主题 28（系统设计）、主题 62（模型检验）、主题 25（图书馆服务）、主题 46（系统方法）、主题 47（结构性能）、主题 34（试验设计）等。

(2)第二类，主要围绕信息系统在不同学科领域的应用角度展开，包括电力、医疗、社区以及交通等方面。主题详细内容为：主题 26（电力系统）、主题 29（创伤修复系统）、主题 74（社区服务系统）、主题 97（交通物流系统）、主题 27（中医治疗）、主题 43（顾客模型）等。

(3)第三类，主要是信息系统中技术、模型在不同领域的应用，包括创新产业、应急事件或知识管理等方面。部分主题详细内容为：主题 72（创新产业）、主题 86（技术发展）、主题 50（突发事件应急）、主题 20（服务模型）、主题 71（函数矩阵）、主题 39（知识管理）等。

主题同被引关系的聚类分析从主题相似度角度分析存在明显不同。聚类分析的结果在一定程度上帮助该领域的研究人员高效地识别主题间存在的潜在关联关系，发现领域内众多的学者同时研究的相同主题对，并从研究内容的角度把握、拓展学科研究方向和系统地分析学科新的研究趋势。同时，这也将对展开学科之间的交叉融合研究具有非常重要的引导作用。

4.2.4　主题同被引的潜在关联主题分析

鉴于同一作者的多项研究可能相关这一特征，本节从主题对被作者共引的角度出发，提取排名前 10 的具有较高概率的共引作者数的主题对。这些提取的主题对可帮助从作者研究的角度衡量主题间的潜在语义关联及发现新的潜在的关联主题。

为从主题同被引矩阵中发现潜在关联主题，本章提出了探索潜在语义关联主题对的概率值计算公式：

$$P(A) = \frac{\text{主题} A \text{与其他主题的作者共现数的最大值}}{\text{主题} A \text{与其他主题的作者共现总数}} \quad (A = 0 \sim 99) \qquad (4\text{-}2)$$

本章将利用上述概率值的定义公式，计算不同主题对共现的概率值。表 4-4 选取概率值排名前 10 的结果。

同时为了更好地验证该方法研究角度的独特性，作为上述方法的对比，本章借助对称 KL 距离衡量主题对的相似性（KL 距离的计算参见 4.3.1 节）。

表 4-4　基于主题同被引的潜在关联主题对

序号	主题对	主题内容	概率值 P	对称 KL 距离
1	62/79	市场效率/模型建模	0.430	0.049
2	28/47	系统设计/结构性能	0.343	0.131
3	57/92	用户信息推荐/组织机制	0.296	0.002
4	5/7	模拟方法/算法规则	0.267	0.076
5	46/63	控制系统/盆地沉积	0.250	0.084
6	98/78	城市规划/植物成长	0.242	0.030
7	93/30	模糊方法/数据挖掘	0.240	0.191
8	69/23	管理信息系统/肿瘤患者手术	0.230	0.202
9	86/4	技术发展/生态农业	0.225	0.021
10	24/25	客户价值/信息服务	0.217	0.119

在表 4-4 中，概率值 P 越大，则证明主题对之间的潜在关联性越强。而作为对比的对称 KL 距离的结果，其值越大，则证明主题对之间越不相似。为了更好地验证此种方法的可行性，本章从主题研究内容的相似性及概率值与对称 KL 距离的对比等角度展开说明。

首先，对排名前 10 的主题对之间的内容进行分析，可以发现主题对之间存在直接的关联关系，如市场效率与模型建模之间、模拟方法与算法规则、城市规划与植物生长、管理信息系统与肿瘤患者手术等主题对。主题研究内容的相似性也验证了该种分析方法的可行性。

其次，通过对比概率值 P 以及对称 KL 距离，可以发现，概率值 P 较大的主题对，其对称 KL 距离值相对较小；而概率值 P 较小的主题对，其对应的对称 KL 距离较大，即两者间的主题对相似度整体一致。该结果反映了本章所提出方法对于判断主题之间潜在关联性的可行性。

然而，概率值 P 以及对称 KL 距离还是存在一定的差异性。某些主题对的概率值 P 较大(代表主题对存在较强的潜在关联)，而对称 KL 距离也较大(代表主题对相似系数低)。为了验证两者的相关性，本章将判断两个变量间的相关性是否显著。如果它小于 0.05，则说明两者的相关性显著；如果它大于 0.05，则两者之间相关性不显著。表 4-5 列出了概率值 P 与对称 KL 距离之间的相关性对比。

从表 4-5 中可以看出，对称 KL 距离与概率值 P 间的相关性对应的相关系数是–0.241，反映了概率值 P 与对称 KL 距离存在负相关。相关系数的绝对值越大，则两者关系越密切。而表中 sig 值为 0.503，大于 0.05，因此两者不存在显著相关。这说明，若单纯依赖对称 KL 距离分析主题对之间相似度可能并不会有效地全面发现潜在关联关系的主题对。

表 4-5 概率值 *P* 与对称 KL 距离之间的相关性

		概率值 *P*	对称 KL 距离
概率值 *P*	皮尔逊相关系数	1	−0.241
	sig 值		0.503
	N	10	10
对称 KL 距离	皮尔逊相关系数	−0.241	1
	sig 值	0.503	
	N	10	10

综上所述，该方法可以作为相似度衡量方法的补充，并从多作者引用同主题对这一角度，发现研究主题间的潜在关联，挖掘主题间的关联性，并帮助该领域研究者发现新的研究方向。

4.3　基于主题相似度的知识聚合分析

同被引数据可以看作是主题与作者之间的链接数据。基于主题同被引的方法可表现为主题之间的相似性，继而对领域内研究内容进行分析。然而对于主题研究网络的分析及构建，还应该考虑与主题间的相似性。因此，本节从内容的相似特征入手，构建并分析主题相似网络，以补充基于同被引数据的相关研究。同时，无论是在方法论方面还是在理论假设方面，网络分析与传统的共现数据的分析存在明显不同。因此，两者相结合将可以更加准确和科学地反映研究领域中主题间的关系。

对于主题知识的分析，除一般的主题被引统计外，不少相关研究还利用包括点度中心度、中介中心度等从社会网络角度出发的计量指标。这些研究主要是在主题相似度矩阵的基础上，结合社会网络分析方法与技术，利用点度中心度、中介中心度等指标，揭示主题词在网络中的地位以及其相互关系，并将这种由知识单位聚合起来的知识网络从宏观视角展现。

从主题相似度的角度出发，本章将构建主题间的相似性网络，利用 AT 模型将主题表示成不同主题词汇的概率分布。同时，主题间的相似度可通过计算与之对应的词汇概率分布来实现。然后，本章将分析主题词的相关性，并将其引入到主题相似度计算中。

4.3.1　主题相似度的计算

一个较为常用的衡量概率空间向量距离的方法是 KL 距离（Kullback-Leibler divergence）。KL 距离也称为 KL 散度，可用来测量两个概率分布之间的距离。但是，原始的 KL 距离不具有对称性，因此本章选取对称 KL 距离作为主题的相似性度量方法。对称 KL 距离值越小，两个主题之间相似度越高；相反，则表征两个主题之间相似度越低。主题 i 和主题 j 间词汇概率分布的对称 KL 距离公式如下：

$$\mathrm{sKL}(i,j) = \sum_{w=1}^{W} \left[\theta_{iw} \log \frac{\theta_{iw}}{\theta_{jw}} + \theta_{jw} \log \frac{\theta_{jw}}{\theta_{iw}} \right] \tag{4-3}$$

为此，本章构建了一个 100×100 的主题间相似矩阵。其结果部分如表 4-6 所示。

表 4-6 主题-主题相似性矩阵（局部）

主题	0	1	6	9	10	11	19	24	26
0	0	0.0729	0.0908	0.0339	0.0237	0.0423	0.110	0.189	0.0328
1	0.0729	0	0.0510	0.0481	0.100	0.0254	0.0265	0.0743	0.164
6	0.0908	0.0510	0	0.0152	0.0757	0.0148	0.0296	0.141	0.140
9	0.0339	0.0481	0.0152	0	0.0282	0.00759	0.0488	0.161	0.0686
10	0.0237	0.100	0.0757	0.0282	0	0.0388	0.141	0.274	0.0131
11	0.0423	0.0254	0.0148	0.00759	0.0388	0	0.0376	0.124	0.0857
19	0.110	0.0265	0.0296	0.0488	0.141	0.0376	0	0.0653	0.221
24	0.189	0.0743	0.141	0.161	0.274	0.124	0.0653	0	0.342
26	0.032	0.164	0.140	0.0686	0.0131	0.0857	0.221	0.342	0

4.3.2 相似度矩阵的阈值选择

如表 4-6 中所构建的相似度矩阵是基于对称 KL 距离的，因此主题对间的相似度是连续变量。为了对主题间的关系进行可视化及属性分析，本章将选择一定阈值进行网络可视化以及展开研究分析。而阈值的设定应该建立在科学的基础之上，并借鉴相关学者的阈值选择方法（潘现伟，2014）。本章对于主题相似度的选择过程如下：首先，将相似矩阵中的相似性系数按照从小到大的次序进行排序，依次取累积频率为 0.1、0.2、0.3、0.4、0.5、0.6、0.7、0.8、0.9 时所对应的相似系数作为阈值，即阈值取值分别为 0.0089、0.0169、0.0282、0.0423、0.0631、0.0902、0.1344、0.2032 以及 0.3520。根据上述阈值的选择，本章利用分析软件 Ucinet 来计算每个阈值下节点的点度中心度。同时，利用 Ucinet 进行线性曲线拟合以及对数曲线拟合，并对数值的拟合程度进行分析。各个阈值下的不同类型曲线拟合 R^2 的值如表 4-7 所示。

从表 4-7 可以看出，随着阈值的上升，线性模型的拟合系数 R^2 呈先增长后下降的趋势。其中，在阈值为 0.0169 时，拟合曲线系数最高，表明拟合度最高。随后开始呈现快速下降趋势。对于对数模型的拟合曲线系数 R^2，随着阈值的上升，其系数快速下降，表明拟合度在降低。因此，从上述两种不同的拟合曲线模型判断，当阈值为 0.0089 时，线性模型以及对数模型的决定系数 R^2 最为接近。随着阈值的提高，两者之间的偏离度越来越高。因此，通过表 4-7 中不同模型拟合曲线系数 R^2 的值，本章取相似系数的临界阈值为 0.0089。基于此阈值构建基于主题相似性的社会网络，并进行网络属性分析以及可视化分析。

表 4-7　不同阈值下节点的点度中心度的拟合曲线系数 R^2 的值

阈值	0.0089	0.0169	0.0282	0.0423	0.0631	0.0902	0.1344	0.2032	0.352
线性模型	0.9364	0.9789	0.9622	0.9276	0.8659	0.7983	0.7275	0.5895	0.4465
对数模型	0.8976	0.7959	0.6627	0.6023	0.5285	0.4571	0.4131	0.3167	0.2408

4.3.3　相似度矩阵的网络属性分析

社会网络通常是指由多个节点和各个节点之间的连线组成的集合，并反映节点间的关联关系(刘军, 2004)。而社会网络分析(social network analysis, SNA)就是以节点及其关系作为研究内容，通过对节点之间的关系进行描述，分析其中所蕴含的结构及其某些节点对其他节点和整个网络的影响，从而判断节点的重要性。Karamon 等提出，网络中心度可以较好地反映社会网络的重要网络特征(Karamon, 2007)。因此，本节将利用网络的点度中心度(degree)和中介中心度(betweenness)对主题相似度矩阵展开分析，探讨不同主题节点在网络中的位置以及作用，以期对主题内容进行知识聚合。本节仍将借助分析软件 Ucinet，计算点度中心度和中介中心度等主题网络的节点属性。

1) 点度中心度

点度中心度是指与节点相连的其他节点的个数。基于主题相似矩阵的点度中心度可以有效地反映该学科领域中主题的直接影响力，且对于发现该领域的核心内容以及研究内容之间的交叉具有非常重要的作用，并可及时帮助该领域的研究人员发现研究热点以及研究视角。在基于主题的社会网络中，节点的点度中心度越高，表明该节点的主题与其他节点的主题连线越多，该主题越处于网络的中心位置，对网络的影响越大，属于领域的核心研究内容。本章选取点度中心度排名前 10 的主题(共 12 个主题)，其分析结果如表 4-8 所示。

同时，本节还计算了所构成网络的中心势。中心势用以反映网络的集中与分散特征。中心势越接近 1，则说明节点越具有集中趋势。在本实验中，中心势为 22.84%，相对较低。这说明本节所使用的有关信息管理系统相关研究的数据集中节点间的联系密度较为稀疏，主题对之间分散性明显。这可能与数据集的选择以及阈值的选择存在直接的关联。与此相反，结果的相对分散性，也验证了利用点度中心度对于判断主题是否为研究热点具有可行性。

表 4-8 点度中心度排名前 10 的主题节点(阈值=0.0089)

序号	主题	点度中心度
1	97(交通物流系统)	32
2	50(突发事件应急)	31
3	82(肿瘤治疗)	27
4	26(电力系统)	26
5	80(生物学中方法测定)	25
6	49(产品质量)	25
7	92(组织模式)	24
8	29(创伤修复系统)	23
9	37(学科发展)	22
10	32(工程模型)	22
11	44(手术治疗方法)	22
12	85(人脸检测算法)	22

从前 10 个点度中心度值较高的主题可以对该网络的热点研究主题进行分析，整体把握主要的研究内容，以对该领域学者的主要研究方向做出判断。对上述排名前 10 的主题节点内容分析可知，主要为信息系统及算法在各领域的应用，如交通物流系统、创伤修复系统、人脸检测算法等内容，同时也包括其他不同学科的研究内容。从获取的数据来源可知，信息系统领域的系统与算法常与其他学科产生交叉应用，并包括了不同学科的研究内容。因此，这也验证了该研究方向的可靠性。由上述分析可知，主题的点度中心度的分析将有助于发现领域内研究与其他学科间研究存在一定的交叉与融合，能够帮助来自不同领域的研究人员展开合作，产生科研共同体，以共同探索新的应用视角与研究方向。

2)中介中心度

中介中心度是指经过节点 A，且连接点对 BC 的最短路径数与两点之间最短路径总数之比。中介中心度反映节点 A 对点对 BC 间信息传播的控制能力。因此，中介中心度能够反映节点在社会网络中的影响力及衡量节点对资源的控制程度，即对整个网络的集中或集权程度。如果某个节点处于许多交往网络路径上，则其中介中心度就相对较大，则有可能处于网络的核心，对其他节点的影响越强，且被认为能够较好地控制整个网络信息流通。通过分析主题相似度矩阵的中介中心度，可以发现主题在整个网络中的地位，以及主题在其他主题对间的桥梁作用。这有助于发现研究网络中的核心主题，帮助发现主题与其相关的主题对间的潜在关系，寻求新的研究方向。表 4-9 列出了排名前 10 的中介中心度的主题。

表 4-9　中介中心度排名前 10 的节点

序号	主题	中介中心度
1	38（系统性能）	367.889
2	53（系统协同机制）	366
3	67（评价指标）	316.434
4	69（管理信息系统）	310
5	89（细胞检测）	256
6	92（组织模式）	250.693
7	87（患者护理方法）	197.628
8	97（交通物流系统）	190.475
9	50（突发事件应急）	178.671
10	41（信号测量）	155.476

整个主题网络的中介中心度为 6.64%，这说明整个主题网络的集权现象不明显。原因可能是该领域的研究主题相对比较独立，或者众多主题之间存在一定的关联关系。分析前 10 个中介中心度值较高的主题将有助于发现这些节点与其他关联主题间存在的隐含语义关系。此外，许多节点的点度中心度较高，而中介中心度一般，这些节点可以帮助发现领域的核心主题，但对其他主题对间的信息控制能力较弱。然而，某些节点如主题 92（组织机制）、主题 97（交通物流系统）等既属于网络的核心研究内容，又对"主题对"之间的信息控制能力相对较强。通过实验结果可以发现，上述 10 个主题在整个主题网络中起到了非常重要的桥梁作用，可帮助更好地发现研究内容间存在的隐含关联关系。

通过对点度中心度及中介中心度的分析发现，该领域学者的研究内容比较广泛，主要涉及医学、企业管理、生物学、医药学等领域的内容，具体包括信息系统以及算法内容在不同领域的应用，如交通物流系统、人脸识别算法等内容。中心度的分析有助于对各主题的研究内容进行整体梳理，更好地把握该学科内研究人员所从事的研究内容、主要的研究学科，掌握该领域与其他学科之间存在的关联关系，揭示与探讨领域内核心的研究内容，为该领域的研究人员提供全新的研究视角。同时，这些分析还将帮助研究人员整体把握其相关学科以及研究内容，指导项目方案的构思与完善。

3) 凝聚子群分析

凝聚子群分析的目的在于揭示主题间实际存在或者潜在存在的关系,利用括 *k*-核、成分等算法发现主题集合中具有相对较强、直接、紧密或者积极关系的个体,以确定组成整个网络中小的团体。本章主要借助软件 Ucinet 从成分进行分析。

在软件 Ucinet 中,分析的路径为 network-regions-componets-simple graphs,并选择"weak"进行成分分析,其结果如表 4-10 所示。从表 4-10 可以看出,100 个主题节点可以分为 19 个成分,其中第一个成分包含 68 个成员,说明这 68 个主题之间任何两点都能够通过一定的途径相连,彼此之间相似度较大,建立了较强的关系。其余的 32 个主题节点分别构成了 18 个成分,说明它们属于相对孤立的节点。通过成分分析,可以对 100 个主题之间的关系进行整体把握,发现主题之间存在的关联关系及识别孤立点。这也佐证了上述对网络中心度的分析,总体联系比较松散。

表 4-10 成分分析结果

成分	节点	比例
1	68	0.68
2	2	0.02
3	9	0.09
4	1	0.01
5	1	0.01
6	2	0.02
7	1	0.01
8	2	0.02
9	1	0.01
10	1	0.01
11	2	0.02
12	2	0.02
13	2	0.02
14	1	0.01
15	1	0.01
16	1	0.01
17	1	0.01
18	1	0.01
19	1	0.01

4.3.4　相似度矩阵的可视化分析

根据相似度矩阵阈值的选择，利用 Netdraw 对生成的矩阵进行可视化处理，得到相似主题网络，如图 4-5 所示。节点的形状、颜色以及大小等是依据节点的中介中心度进行构造。从图中可以清晰地判断出各节点中的主要主题，有助于对主题网络分布的整体把握。

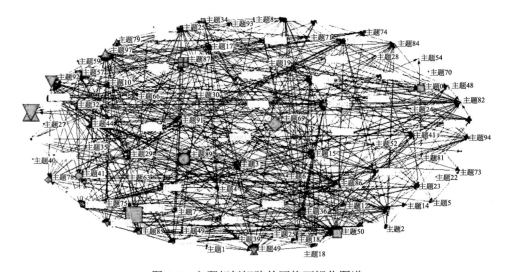

图 4-5　主题相似矩阵的网络可视化图谱

其中，节点之间的连线表示两个主题之间存在相似关系。节点与其他之间的连线越多，证明了该节点在整个网络中处于相对较核心的地位。节点的大小代表主题在整个网络中的桥梁作用。其他主题对之间的关联关系经过该节点的链接越多，则形状越大。从图中可以看出，100 个主题之间形成了相互非常密切的交错网络，同时部分主题节点属于孤立节点，与其他主题对之间没有直接的联系。根据主题网络可视化，可以整体把握学科领域内相关的研究方向以及研究热点。

从图中还可以看出，主题 69（管理信息系统）、主题 38（系统性能）、主题 89（细胞检测）、主题 53（系统并行控制）、主题 92（组织模式）和主题 87（患者护理）等六个主题在整个主题网络中起了重要的桥梁作用，为其他主题间建立相似性关系，属于核心的研究主题。从这六个主题着手，可以更好地发现其他主题对间存在的相似性关系。

综上所述，通过对主题同被引矩阵的知识聚合研究以及主题相似度的知识聚合研究可以发现，以信息系统与分析为研究方向的学者及其相关合作者，其研究内容主要涉及医学、企业管理、生物学、医药学、地理学、物理学等领域，具体包括信息系统领域相关算法在不同领域的应用，如交通物流系统、人脸识别算法等内容。而主题同被引矩阵以及主题相似度矩阵的分析可以有效地帮助研究人员发现存在主题间隐含关联关系及不同学科间的交叉。对信息系统领域的相关研究者而言，这些发现能够帮助他们了解该领域的研究内容，发现领域内潜在的具有相似关系的主题对，并根据主题间的潜在关联，寻找新的研究方向，探索新的实践应用。这也将有助于他们将信息系统领域的相关知识拓展到其他相关应用学科，如管理信息系统在医学或者生物学等方面的应用，以便进行深入探讨。同时，矩阵的可视化也表明了该领域的相关研究者越来越重视扩展学科的应用范围，进行学科之间的交叉研究。

此外，通过几个实验还发现主题间存在一定联系，即该领域的研究主题存在一定的相似。但是从网络图中，除了少数几个较为突出的主题节点，其他绝大多数主题分布于小网络团体中，不存在桥梁沟通的作用。这说明许多主题具有自身独特的研究方向以及研究特点，与其他主题的关联性较弱。并且，这也印证了该领域相关研究内容比较分散的特点，不同学科研究内容之间的交叉研究不太稳定。因此，在多学科知识内容融合以及跨学科发展的驱使下，该领域的研究人员应该提高合作者之间的异质性，充分利用研究人员间具有不同的专业知识的优势，实现对不同学科间研究内容的知识聚合，促进该领域研究内容的完善与发展。

4.4　本　章　小　结

本章将知识挖掘与主题分析结合，利用 AT 模型，从文献集合中提取了主题，并获取了论文与主题概率分布、主题与词汇概率分布、主题与作者之间的概率分布。然后，本章将主题作为知识挖掘的基本计量分析单位，构建基于主题同被引关系网络，并根据主题相似度实现对文献内容的知识聚合，实现知识的重组。该研究通过挖掘隐性知识关联关系，揭示与分析文献集合的内容。这为探索基于文献主题关联关系的学科内容分析以及学科知识结构的探究提供了借鉴。

本章构建的文献知识聚合方法可以具有两个方面的应用。首先，基于本章的相关研究，可以建立文献主题与主题之间的关系，从文献内容的显性知识内容对文献研究特点以及学科结构方面展开探究。其次，本章分析了文献内容与文献作者之间的概率分布关系，揭示与分析文献内容的隐性知识，从作者角度出发，对主题之间的潜在关联展开研究与分析。这将有利于更好地补充基于内容相似性的关联主题的发现。

第5章 学术论文引用预测及影响因素分析

在科研活动中，学术成果间的引用扮演着重要的角色。研究人员通过引用他人的文章来说明研究背景，阐明学术观点，建立学术研究之间的脉络联系。学术评价工作也常常通过分析论文的被引用情况，间接地评测论文、作者、作者所属机构以及发文期刊的学术影响力。为了度量学术影响力，被引频次是其中最简单、标准和客观的一个度量方法，人们一直利用被引频次来衡量学者、研究机构或者研究成果在某一领域的地位。因此，研究人员往往会关注其成果当前及未来的被引用情况，关注影响成果被引的因素，以期提升其成果的被引次数。

为此，本研究将论文被引频次预测定义为一个分类预测问题，主要考虑的是作者篇均被引频次。基于此，本研究将论文标记为两类：如果一篇论文在一段时间后获得的被引频次高于作者在论文发表当年的篇均被引频次，则可以说明这篇论文随着不断被引用，对作者的影响力的提升起到了一定的正面作用，标记为正类；反之，标记为负类。本研究对学术论文引用进行预测的目的，是使用多种分类算法和大量论文数据，预测论文在发表一段时间后的被引频次能否超过论文发表当年第一作者的篇均被引频次。

论文未来的被引趋势受到多种因素的影响。在不同的场景下，影响因素的作用强度会不尽相同。此外，本研究认为，影响因素的作用不是孤立的，各种因素会综合影响引用行为。因此，本研究首先对可能影响论文被引次数的因素进行分析，从中挑选出适合进行引文预测的影响因素类别和因素项，然后使用机器学习算法对论文未来被引情况进行分类预测。然后，进一步对采用各种算法时不同类别影响因素组合使用时的性能进行分析，得出不同类别因素对被引预测的影响，对构建不同应用环境下的预测模型提供理论依据。最后，对影响因素在预测中的作用强度进行计算和检测，甄别出影响作用强的因素。考虑到不同的机器学习方法对影响因素作用强度检测效果不同，故本研究采用在分析中具有较好表现的算法进行检测。

除了论文本身，作者和期刊也是论文撰写和发表过程中两个重要的主体，并且目前已有许多研究人员对被引频次的影响因素进行了研究（Jabbour 2013；Buela-Casal, 2010; Callaham 2002），影响因素大概可以分为三类：论文相关因素、作者相关因素和期刊相关因素。因此本研究将力求从这三个方面发现影响论文被引趋势的因素。同时，为了能更好地反映当前学科研究的跨学科特点，引入 *Web of Science* 中论文的研究方向属性来更精确地预测论文的被引情况。

5.1　技　术　路　线

本研究进行学术论文引用预测的目的是使用多种分类算法和大量论文数据，预测论文在发表一段时间后的被引频次能否超过论文发表当年第一作者的篇均被引频次，即给定论文集合 D ， $d_i \in D$ 表示数据集 D 中第 i 篇论文，发表时间为 t_{d_i} ，被引频次影响因素向量 $x_i = (x_{i1}, x_{i2}, \ldots, x_{ij})$ ，本研究的任务是训练一个分类模型 C 来预测在时间点 $t_{d_i} + \Delta t$ 时，论文 d_i 的被引频次 $\text{Citation}_{d_i, t_{d_i} + \Delta t}$ 能否达到或超过 d_i 的第一作者 Author_{d_i} 在发表当年的篇均被引频次 $\text{Citation}_{\text{ave}, \text{Author}_{d_i}, t_{d_i}}$ ，如公式（5-1）所示：

$$C\left(d_i | x_i, \Delta t\right) = \begin{cases} 1, & \text{Citation}_{d_i, t_{d_i} + \Delta t} \geqslant \text{Citation}_{\text{ave}, \text{Author}_{d_i}, t_{d_i}} \\ 0, & \text{Citation}_{d_i, t_{d_i} + \Delta t} < \text{Citation}_{\text{ave}, \text{Author}_{d_i}, t_{d_i}} \end{cases} \tag{5-1}$$

考虑到论文在发表不同时间后的被引情况不同，对发表不同时间后的论文被引进行预测，预测难度也不同，不同的算法表现也不同。因此在本研究中，将 Δt 分别设定为 1 年、5 年和 10 年，分别代表论文发表初期（发表后不久）、中期（发表一段时间后）和长期（发表很长时间后），这种选择时间间隔的方式在论文引用预测领域被广泛采用（Acuna, 2012; Yan, 2012; Yan, 2011）。

在分类预测方面有较多可供选择的方法，本研究选择了朴素贝叶斯（naive Bayesian model，NB）、逻辑回归（logistic regression，LR）、支持向量机（support vector machine，SVM）、梯度提升决策树（gradient boosting decision tree，GBDT）、XGBoost（extreme gradient boosting）、AdaBoost（adaptive boosting）和随机森林（random forest，RF）等。使用这些算法来进行预测的原因是，朴素贝叶斯、逻辑回归和支持向量机是三种经典的分类算法，已在不同的数据集中证明其有效性，而 GBDT、XGBoost、AdaBoost 和随机森林则都属效果较为优异的集成学习算法，特别是 GBDT、XGBoost、AdaBoost，由于其出色的泛化能力，在近几年被广泛应用于学术研究和实际工作中。在论文引用预测后，选用在预测中表现最好的算法，将影响因素按照其对预测的作用强度进行排序，以发现在论文引用中作用强度最大的影响因素。研究框架如图 5-1 所示，其中的 6 个步骤具体描述如下。

（1）数据获取。本研究以 web of science 为数据获取源，使用 Selenium 对 web of science 中的 SCI-expanded 数据库中的图书情报学论文的题录信息和引文信息进行批量爬取，限定论文发表时间为 1996~2016 年。论文数据包括：出版物类型、书籍作者、编者、书籍团体作者、作者、团体作者、标题、来源出版物、丛书标题、丛书副标题、语言、文献类型、会议名称、会议日期、会议地点、会议赞助方、作者关键词、论文关键词、摘要、全部作者地址、通讯作者地址、电子邮件地址、ResearcherID、ORCID 标识、基金资助机构及授权号、基金资助信息、参考文献、参考文献数、WOS 核心合集中的被引频次、被引频次总数、使用次数、出版商、出版商城市、出版商地址、ISSN、eISSN、ISBN、出版月、出版年、卷、期、子辑、增刊、特刊、会议摘要编号、起始页面、结束页面、文献号、DOI、页数、web of science 类别、研究方向、IDS 号、入藏号、PubMed ID、每年的被引频次。

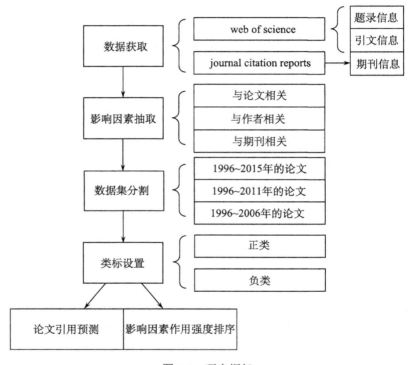

图 5-1 研究框架

获取了论文数据后，对论文发表的期刊进行统计，并且从 journal citation reports（JCR）中获取了论文期刊的 JCR 核心指标，包括：期刊总被引数、期刊影响因子、排除自引后期刊的影响因子、期刊五年影响因子、期刊即时指数、期刊可被引项目数、期刊被引半衰期、期刊引用半衰期、期刊特征因子值、期刊论文影响力值、期刊可引用项目比、期刊标准化特征因子和平均期刊影响因子百分位。

（2）影响因素抽取。首先对获取的论文和期刊数据预处理，计算和统计出所需要的影响因素值。将影响论文被引因素分为与论文相关的影响因素、与期刊相关的影响因素以及与作者相关的影响因素。其中，论文主题多样性的计算需要利用主题模型。这里将论文的摘要与标题进行分析和停用词过滤，然后使用经典的

LDA 模型，计算出文档-主题分布和主题-词分布，得到文档-主题分布以后，利用信息熵计算出每个文档的主题多样性。而论文作者社会性的计算，需要将论文作者之间的合作关系建立合作网络，并使用社会性计算方法，不断迭代计算出作者的社会性。其他影响因素值的计算，则需要根据论文出版时间，计算出出版当年论文的其他各项影响因素的值，比如论文出版当年该论文作者的 H 指数、过去最大被引数等。

（3）分割数据集。将论文数据集按照 Δt 为 1 年、5 年和 10 年，分为三个实验数据集 DataSet1、DataSet5 和 DataSet10，其中 DataSet1 包括 1996~2015 年的所有论文，DataSet5 包括 1996~2011 年的所有论文，DataSet10 包括 1996~2006 年的所有论文。

（4）类标设置。将每篇论文所属的类别进行设置，本研究将预测的间隔 Δt 分别设为 1 年、5 年和 10 年。首先使用数据集中论文每年的被引频次，计算出论文出版 1 年、5 年和 10 年之后的被引频次总数，然后将被引频次总数与作者在出版当年的篇均被引频次相比较。如果被引频次总数 d 大于作者在出版当年的篇均被引频次，则将类标设置为正类，用 1 表示，否则用 0 表示。经过类标设置后，论文 $d_i \in D$ 在三个预测间隔的类标 $y_{i1} \in \{0,1\}$、$y_{i5} \in \{0,1\}$ 和 $y_{i10} \in \{0,1\}$ 则被确定下来。

（5）论文引用预测。利用提取出的影响因素向量 $x_i = (x_{i1}, x_{i2}, \ldots, x_{ij})$ 和论文所属的类别 $y_i \in \{0,1\}$，使用七种机器学习分类算法包括朴素贝叶斯、逻辑回归、支持向量机、GBDT、XGBoost、AdaBoost 以及随机森林。将 70% 的数据作为训练集，30% 的数据作为测试集，对论文所属的类别进行预测并评测。在使用所有影响因素进行预测以后，分别将三大类影响因素两两组合和分别使用单类影响因素再次进行预测并评测。

（6）影响因素作用强度排序。使用 GBDT 对预测的影响因素进行作用强度排序，以发现在论文出版一段时间后，有哪些因素对论文被引频次的变化来说更为重要。

5.2　影响因素选择

5.2.1　与论文引用预测相关的因素分析

确定影响被引频次因素是进行预测的基础。本研究假设论文的内容是影响其被引次数的重要因素，而期刊和作者的一些特征也在一定程度上影响着论文的被引次数。例如，在业内具有高知名度作者的论文往往更容易被阅读和引用。但是，由于直接通过内容进行价值分析的困难性，所以目前的研究都是通过可能存在潜在联系的一些相关因素分析来发掘论文的特征与被引间的关系。本研究提取了能获取到的一些可能影响论文被引次数的影响因素，将影响因素按照其主体分为期刊、作者和论文三大类，并计算和统计这些影响因素，综合构成影响因素向量，从而为后面的预测模型构建和影响因素重要性排序打下基础。

本研究考虑了与论文相关的影响因素，然后根据数据的可获得性，将影响因素的定义和抽取方式进行了整理，最终将影响因素分为期刊、作者和论文三大类，见表 5-1。

表 5-1　全部影响因素

类别	影响因素
期刊相关影响因素	期刊总被引数
	期刊影响因子
	排除自引后的期刊影响因子
	期刊五年影响因子
	期刊即时指数
	期刊可引用项目数
	期刊被引半衰期
	期刊引用半衰期
	期刊特征因子值
	期刊论文影响力值
	期刊可引用项目比
	期刊标准化特征因子
	平均期刊影响因子百分位
作者相关影响因素	第一作者的社会性
	第一作者的 H 指数
	第一作者的论文总数
	第一作者的过去最大被引数
	第一作者的篇均被引次数
论文相关影响因素	论文的主题多样性
	论文的页数
	论文参考文献的数量
	论文的研究方向
	论文的使用次数

(一)期刊相关的影响因素

本研究假设期刊的质量、水平和学术影响力对期刊中所发表论文的被引频次具有影响作用。如果一篇论文发表在一个著名的期刊上，那么这篇论文的可见性会更高，收到的引用也会更多。期刊本身也具有一些与被引相关的量化指标，包括期刊总被引数、期刊影响因子、排除自引后期刊的影响因子、期刊五年影响因子、期刊即时指数、期刊可被引项目数、期刊被引半衰期、期刊引用半衰期、期刊特征因子值、期刊论文影响力值、期刊可引用项目比、期刊标准化特征因子和平均期刊影响因子百分位等。本研究统计出数据集中所有论文的来源期刊，然后在 JCR 中可获得期刊的核心指标。实验中使用的期刊相关特征均为出版当年的数据，对于缺失数据，则取所有数据的平均值来进行填补。

1) 期刊总被引数

期刊的总被引数在 JCR 中被定义为：JCR 报告年(JCR year)时，数据库中包含的所有期刊引用本期刊的总次数。JCR 中期刊的引用是从 JCR 年度合并数据库中编制而成。文章对文章的每个链接都被计作引用，文章被同一本期刊上的文章引用也被算作总被引数。

2) 期刊影响因子

期刊影响因子是由 Garfield 提出的用来评价期刊的一个指标(Garfield, 1955)。它的计算方式是，某期刊在 JCR 报告年之前两年发表的学术项目在 JCR 报告年的被引频次总数除以期刊这两年发表的可引用学术项目(包括文章、综述和会议论文)总数。在 web of science 数据库中，文档类型为文章、综述或者会议论文才被算作是影响因子的分母。这些文档类型对期刊有学术贡献，因此被算作是影响因子分母中的可引用项目。期刊影响因子为 1.0 意味着，平均来说，一两年前发表的文章被引用了一次。期刊影响因子为 2.5 意味着，平均来说，一两年前发表的文章被引用了两次半。施引作品可能是同一期刊上发表的文章，然而大多数施引作品都来自 web of science 核心集中索引的不同期刊、论文集或者书籍。

3) 排除自引后的期刊影响因子

该指标在计算时与影响因子类似，某期刊在前两年发表的学术项目在 JCR 报告年的被引频次总数减去期刊自引的次数，再除以期刊这两年发表的可引用学术项目(包括文章、综述和会议论文)总数。

4) 期刊五年影响因子

五年影响因子是期刊在 JCR 报告年之前五年发表的学术项目在 JCR 报告年的被引频次总数，除以期刊这五年发表的可引用学术项目的总数。五年影响因子对于那些被引高峰出现的较晚的期刊是比较好的衡量指标，JCR 从 2007 年才开始提供这个指标。

5) 期刊即时指数

即时指数是期刊在 JCR 报告年发表的论文在当年的平均被引频次。即时指数的计算方式是将期刊在报告年发表的文章当年的被引频次总数除以该年发表的文章总数。即时指数显示了期刊中文章被引用的速度，期刊的即时指数越高，说明该刊当年被引的频次越高，也相对说明该刊的影响力较强，论文质量较高。

因为即时指数是每篇文章的平均，所以它消除了大型期刊相对于小型期刊的优势。然而，发行间隔短的期刊可能会有一定的优势，因为在一年中较早时候发表的文章有更多的机会被引用。一些发行间隔较长的或者在一年中较晚时间发行的出版物即时指数都比较低。即时指数在前沿领域期刊的评价上是个很有用的指标。

6) 期刊可引用项目数

可引用项目是构成"期刊影响因子"计算分母中的数字的那些项目。这些项目是在 web of science 中被确定为文章、综述或者会议论文的文章。其他形式的期刊内容，比如编辑材料(editorial materials)、信件(letters)和会议摘要(meetings abstract)，都不是可引用项目。

7) 期刊被引半衰期

被引半衰期指一本期刊从 JCR 报告年开始往前推算，被引频次总数达到从创刊开始得到的被引频次总数的 50%所需要的时间。只有在 JCR 报告年被引 100 次或以上的期刊才有被引半衰期这个指标。被引半衰期可以用来衡量期刊过时的速度，半衰期长，说明期刊中发表的文章可能比较经典，不容易过时；半衰期短，则说明期刊中发表文章更新换代的速度较快，也侧面说明了这个期刊发表的多是一些前沿创新的文章。

8) 期刊引用半衰期

引用半衰期指一本期刊从 JCR 报告年往前推算，当期刊中论文引用的论文篇数达到引用的所有文章总数的 50%所需要的时间。只有在 JCR 报告年发表的文章引用参考文献在 100 篇或以上的期刊，才引用半衰期这个指标。引用半衰期有助于用户评估一种期刊大多数参考文献的新旧。

9) 期刊特征因子值

特征因子值是 Bergstrom 等在 2007 年提出的期刊评价指标(Bergstrom, 2007)。它衡量的是期刊在 JCR 报告年过去五年发表的文章在 JCR 年度被引用的情况,但是这个指标也考虑了施引期刊的影响力，因此施引期刊如果是高被引的期刊，会比低被引的期刊更能影响被引期刊的特征因子值。计算方法是，建立期刊间的引用网络，使用一种类似 PageRank 的算法来计算出每个期刊的特征因子值。期刊中一篇文章的参考文献中如果包括来自同一期刊的文章，那么这个引用将不被计入特征因子值的计算，因此特征因子值不受期刊自引的影响。

10) 论文影响力值

论文的影响力值决定了期刊文章在发表前五年的平均影响力。它是将特征因子值乘以 0.01，并且除以期刊中的文章数量，再除以所有出版物中所有文章的总数来计算的。这一指标与五年期刊影响因子大致相当，因为它是期刊引文影响力与期刊文章贡献度在五年间的比率。影响力值的计算公式为：$\dfrac{0.01 \times \text{EigenFactor Score}}{X}$，其中，$X$ 是五年期刊文章数除以所有期刊五年文章总数。论文影响力值的平均值被定义为 1。如果论文影响力值比 1 大，则表明该期刊中的每篇文章的影响力均高于平均水平，如果比 1 小，则表示均低于平均水平。

11) 可引用项目比

这个指标强调期刊的原创性研究，计算方法是可引用项目占期刊文章总数的比重。

12) 标准化特征因子

标准化特征因子是特征因子的标准化，将期刊特征因子值除以所有期刊特征因子值的平均值，使得所有期刊的平均得分为 1。再通过比较期刊的归一化特征因子与 1.0 的差距，来比较期刊的影响力。

13) 平均期刊影响因子百分位

平均期刊影响因子百分位是每个学科类别的期刊影响因子百分位的总和，然后再计算这些数值的平均值，为

$$\text{Average JIF Percentile} = \frac{\text{JIF Percentile}_1 + \cdots + \text{JIF Percentile}_n}{N} \tag{5-2}$$

其中，N 是类别数。而每个学科类别中，每个期刊的影响因子百分位的计算方法如下：

$$\text{JIF Percentile} = \frac{(M - R + 0.5)}{M} \times 100\% \tag{5-3}$$

其中，M 是某一学科类别中期刊的总数，R 是期刊影响因子在该学科类别中降序排序后的排名。

(二) 作者相关的影响因素

作者自身的属性，如学术水平、学术影响力等和其论文被引有着重要的相关关系。在文献计量相关研究中，不少研究人员都对作者的各种属性做出较为全面的探讨。本研究使用已有的相关指标作为其论文被引的影响因素，包括第一作者的 H 指数、篇均被引次数、已发表的论文数、社会性和过去最大被引次数。

1) H 指数

Hirsch 在 2005 年提出 H 指数，用来描述研究人员的科研产出 (Hirsch, 2005)。他对 H 指数的定义是：在一个研究人员所有 N 篇论文中，h 篇论文的每篇论文都至少有 h 个被引，而另外的 $(N - h)$ 篇论文的被引频次都小于 h，那么这个研究人员的 H 指数是 h。H 指数的计算方法是：将作者的所有论文按照被引频次进行降

序排序编号，当某篇论文的被引频次大于等于该论文的排序编号时，这个编号对应的数字就是论文的 H 指数。H 指数兼顾了作者的生产力和作者论文的影响力，它比其他常被用来评价研究人员科研产出的标准(比如文献总数、被引频次总数、每篇论文的被引率等)要更加科学且有效。

2) 作者篇均被引次数

作者篇均被引次数在本研究中被定义为：在本研究所使用的数据集中，用某一作者在时间节点 t 前发表的所有论文得到的被引数，除以作者在时间节点 t 前发表的论文数量，即得出这个作者的篇均被引次数。

3) 作者已发表的论文数

本研究中作者已发表的论文数被定义为：在数据集中，统计时间节点 t 前作者已发表的论文数。

4) 作者社会性

作者的社会性与其影响力和被知晓程度具有一定的相关性，因此也和其论文被引具有一定的相关性。作者的社会性越强，其合著者也就越多，其论文被引的机会也就越大。如苏芳荔发现合作发表论文的学术影响力明显比没有与别人进行合作的论文要高(苏芳荔，2011)。

作者社会性的计算方法是由 Yan 提出的(Yan, 2012)。计算方法为：建立一个合作关系网络 $G(A.Co)$，其中，A 是点集，A 中的每一个点 a_i 代表一个作者；Co 是边集，Co 中的每一条边 co_{ij} 代表作者之间的合作关系，边的权重通过合作的论文数来计算。对边的权重进行归一化可得到 a_i 和 a_j 之间的转移概率 $M_{i,j}$，并组成转移概率矩阵 M。因此一个作者 a_i 的社会性 $S(a_i)$ 可通过与其相连的所有其他作者推导出来，为

$$S(a_i) = d \sum S(a_j) \cdot M_{j,i} + \frac{1-d}{|A|} \tag{5-4}$$

5) 作者过去最大被引次数

本研究中的作者过去最大被引数被定义为：数据集中，在时间节点 t 之前，某作者的所有论文中最高的被引频次。

(三)论文相关的影响因素

论文本身的因素应与论文未来的被引情况直接相关，而论文的质量是影响论文被引频次的主要因素。但如前所述，由于通过论文主题和内容进行判断的困难性，且论文的评价标准很少，不同的研究人员对论文评价标准的看法也不同。当前的研究都是通过论文的一些方便获得的形式化特征进行推断。本研究选取的影响因素包括论文的主题多样性、页数、参考文献数、研究方向和使用次数。

1) 论文的主题多样性

被引频次与论文的主题有关。一般来说，每个领域的热门主题会比过时的主题得到更多的引用。而一篇文章涉及的主题越多，那么这篇论文可能会得到的关注也就越多。主题（topic）可以理解为特定语料集合下语义的高度抽象和压缩的表示，每一维主题都对应一个比较一致的语义。因此，论文的主题多样性就可以在一定程度下表征该论文研究的多样性程度。

本研究利用 LDA 模型来计算主题的多样性。在 LDA 中，主题被表示成 T 个多项式分布，则文档 d 中所有主题的主题分布 $T(d)$ 表示为

$$T(d) = \{p(\text{topic}_1|d), p(\text{topic}_2|d), \cdots, p(\text{topic}_T|d)\} \quad (5\text{-}5)$$

如果一篇文章有多个主题，那么这篇论文有可能被不同研究领域的学者引用，被引频次可能会更高。本研究用信息熵 $D(d)$ 表示论文 d 的主题多样性（Yan, 2012），为

$$D(d) = \sum_{i=1}^{T} - p(\text{topic}_i|d) \cdot \log p(\text{topic}_i|d) \quad (5\text{-}6)$$

公式（5-6）表示当论文的研究领域较为单一时，则该论文只在某几个主题上有较高的概率分布，其多样性取值较小。当一篇论文涉及多个研究领域时，则这篇论文的主题分布更为均衡，多样性取值也会相对较大。

2) 论文研究方向

不同学科领域间引用行为存在差异，比如在某些领域中，研究人员常常引用近期的作品，而在另一些领域中，研究人员却常常引用旧作品。因为学科之间存在这种差异，所以一个领域的论文可以获得比其他领域论文更多或者更少的引用（Van, 2013）。而论文的研究方向越多，说明论文涉及到的学科越多，影响面就可能越广，则被引用的可能性就越大。

论文研究方向的数据来源是 web of science 网站。每一篇论文都有研究方向，在本研究使用的数据集共标注了 12 种研究方向，包括计算机科学、情报学与图书馆学、商学与经济学、保健科学与服务、医学信息学、地理学、自然地理学、社会科学-其他、通讯、社会问题、电信、科学与技术-其他。

3) 论文使用次数

论文的使用次数表示的是用户对于 web of science 中某一篇论文的关注程度。比如，用户对这个论文的全文链接进行了点击，或者将这篇论文下载到了本地，都会被计入论文使用次数。论文的使用次数越多，说明论文收到的关注越多，说明用户对这篇论文越有兴趣，被引用的可能性也就越大，因此论文的引用次数也是衡量论文本身属性的一个指标。

4)论文页数和参考文献数

本研究认为，论文的页数、参考文献数越多，其内容也就越可能翔实，研究的描述也就越可能细致。

5.2.2　影响因素抽取数据准备

（一）数据集概况

用于本研究计算和验证的数据集为 web of science 的 science citation index expanded（SCI-EXPANDED）数据库中研究方向为情报学和图书馆学的论文数据。数据包括论文的信息、参考文献信息和每年的被引频次信息等，时间跨度为 1996~2016 年。另外，本研究还从 journal citation reports 中获取了与试验数据相关的论文所属期刊信息。数据经过简单处理后，共包括 38,442 个作者的 37,677 篇论文。

研究方向为情报学和图书馆学的论文数据体现了当前多学科之间交叉的研究趋势。本研究将数据集合中论文的研究方向进行了统计（研究方向是 web of science 中论文的一个属性，用来表征本论文的研究方向），如图 5-2 所示。同时随机选择了数据集合中的一位作者，把这个作者所有论文的研究方向也进行了统计分析，如图 5-3 所示。

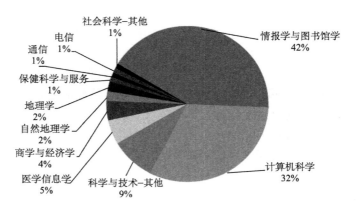

图 5-2　数据集中论文的研究方向

从图 5-2 可以发现，除情报学与图书馆学领域，还有大量的计算机领域、经济学、医学、地理信息等领域的论文。从图 5-3 中单一作者来看，发现这个作者的研究兴趣也横跨情报学与图书馆学、计算机、医学等几个研究领域。情报学与图书馆学领域通常分属两个不同的研究领域，后期进行了整合。近几年，又有国内学者提出情报学也应该单独称为一个独立的一级学科的思想等（黄长著，2017）。

因此，不论从宏观（总体数据集合）还是微观（单个作者）的统计中，都可以发现图书情报领域是一个典型的交叉学科研究领域。

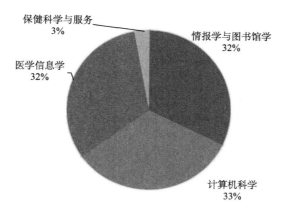

图 5-3　某位作者论文的研究方向统计

另外，被引频次的分布展现出了明显的不均衡分布倾向：大部分的学术论文没有被引用或者被引频次很低，而剩下的少部分论文则获得了大量的引用。有一些研究对这种现象及其产生的原因进行了调查，比如，Garfield 发现，大约 20%的论文获得了超过 80%的引用，而其他的论文根本没有被引用或者获得了很少的引用（Garfield，2006）。

本研究对其中论文的被引频次进行了统计，将被引频次和计数分别取对数函数作为 X 轴和 Y 轴，如图 5-4 所示（因许多论文被引频次为 0，无法取对数，所以将所有被引频次加 0.01 后再取对数）。从图中可以发现，该学科的论文被引频次

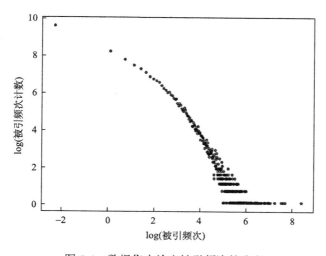

图 5-4　数据集中论文被引频次的分布

和其他很多学科一样，也存在长尾现象：大量论文的被引用次数集中在 0、1 等较低的频次上。这也进一步说明对这样的学科进行引用预测并不适合采用回归的方法，而更适合采用分类的方式。

（二）数据爬取过程

本研究使用 Selenium 进行数据爬取。Selenium 是一个 web 应用程序的自动化测试工具，同时也可以被用来进行网络数据采集。Selenium 可以与浏览器（如 Chrome、Safari、Firefox 等）一起使用，根据代码自动操作浏览器做出对应的行为，具体爬取过程如下。

（1）Selenium 需要 webdriver 来连接所选择的浏览器，比如在爬取本研究数据集的过程中，使用的是 Firefox 浏览器，则连接代码为

profile=webdriver.Firefoxprofile()

profile.set_preference('brower.download.dir',root)

profile.set_preference('brower.download.folderList',2)

profile.set_preference('brower.download.manager.showWhenStarting',False)

profile.set_preference('brower.helperApps.neverAsk.saveToDisk',text/plain)

driver=webdriver.Firefoxprofile(firefox_profile=profile)

其中，profile 是 Firefox 的设置文件，用于在爬取开始时初始化 Firefox 浏览器的设置。profile.set_preference 是对浏览器进行的具体设置，其中，browser.download.dir 是指定文件的下载路径；browser.download.folderList 设置成 1 表示下载到默认路径，设置成 2 表示自定义下载路径；browser.download.manager.showWhenStarting 则是选择开始下载时是否显示下载管理器，True 为显示，False 为不显示；browser.helperApps.neverAsk.saveToDisk 则是当下载的文件是后面设置的文件类型时，则不再弹出询问窗口，因为该下载数据为文本文件，因此这里设置为 text/plain。webdriver.Firefox（firefox_profile=profile）则是将浏览器启动，并启用上面的初始设置。

（2）将浏览器启动后，首先用 driver.get 命令进入 web of science 的主页：

url=web of science 主页地址

driver.get（url）

（3）将数据库选择为"web of science 核心合集"：

database=driver.find_element_by_id("databases")select(database).select_by_visible_text("web of science 核心合集")

其中，find_element_by_id 是 Selenium 中 webdriver 定位 id 元素的方法，webdriver 中一共有 8 种定位单个元素的方法，具体如表 5-2 所示。

表 5-2　webdriver 定位单个元素的方法

定位方法	代码
id 定位	find_element_by_id(self, id)
name 定位	find_element_by_name(self, name)
class 定位	find_element_by_class_name(self, name)
tag 定位	find_element_by_tag_name(self, name)
link 定位	find_element_by_link_text(self, link_text)
partial_link 定位	find_element_by_partial_link_text(self, link_text)
xpath 定位	find_element_by_xpath(self, xpath)
css 定位	find_element_by_css_selector(self, css_selector)

　　Select 类是处理 html 的标签 select 下拉框的方法，Select(database).
select_by_visible_text 选择了 database 下拉框中显示文本为 web of science 核心合集的选项，如图 5-5 所示。

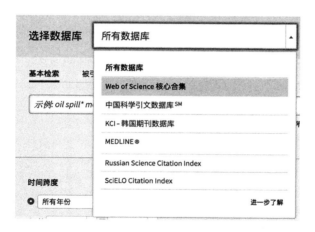

图 5-5　选择数据库

　　(4)将检索方式选择为"高级检索"：
advancedSearch=driver.find_element_by_link_text("高级检索")advancedSearch.click()
　　find_element_by_link_text 是 webdriver 定位页面中链接元素的方法，根据页面中显示的链接文本"高级检索"进行定位，然后通过 click()点击该元素，从而跳转到高级检索页面。
　　(5)在高级检索框中输入"SU=Information Science & Library Science"：
searchInput=driver.find_element_by_name("value(input1)")
searchInput.send_keys("SU=Information Science & Library Science")

其中，driver.find_element_by_name 是 webdriver 定位页面中 name 元素的方法，通过 name 元素定位到高级检索的输入框，然后使用 send_keys 命令在输入框中输入检索条件。

检索研究方向为 Information Science & Library Science 的文献，如图 5-6、图 5-7 所示。

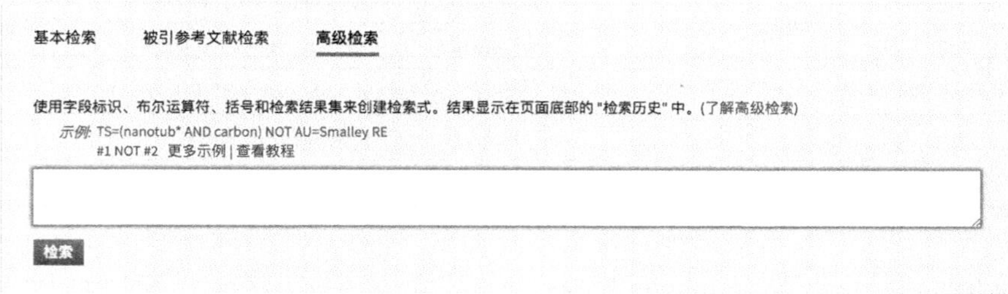

图 5-6　选择高级检索

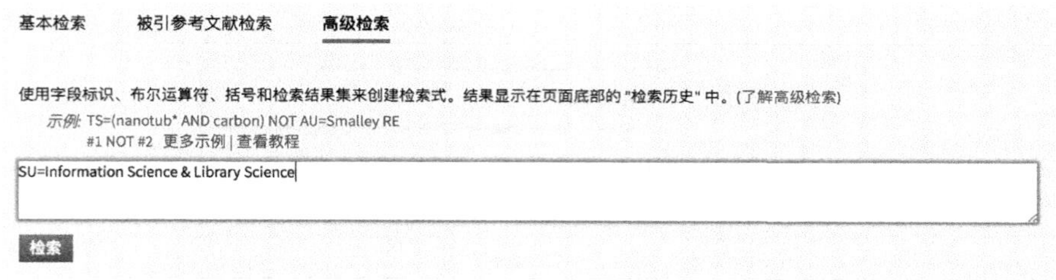

图 5-7　输入高级检索式

（6）在时间跨度中选择 1996~2016 年：

startYear=driver.find_element_by_name("startYear")
Select(startYear).select_by_visible_text("1996")
endYear=driver.find_element_by_name("endYear")
Select(endYear).select_by_visible_text("2016")

使用 find_element_by_name 定位开始年份和结束年份的选择框，然后在开始年份下拉框中选择 1996 年，在结束年份下拉框中选择 2016 年，如图 5-8 所示。

图 5-8　选择时间跨度

（7）在更多设置中，只勾选 Science Citation Index Expanded（SCI-EXPANDED）数据库：

settings=driver.find_element_by_class_name（"settings-title"）settings.click（）
SSCI=driver.find_element_by_xpath（'//input[@value="SSCI"]'）
SSCI.click（）
AHCI=driver.find_element_by_xpath（'//input[@value="AHCI"]'）
AHCI.click（）
CPCIS=driver.find_element_by_xpath（'//input[@value="ISTP"]'）
CPCIS.click（）
CPCISSH=driver.find_element_by_xpath（'//input[@value="ISSHP"]'）CPCISSH.click（）
ESCI=driver.find_element_by_xpath（'//input[@value="ESCI"]'）
ESCI.click（）
CCR=driver.find_element_by_xpath（'//input[@value="CCR"]'）
CCR.click（）

　　首先通过 find_element_by_class_name（"settings-title"）定位到更多设置。并使用 click（）命令点击更多设置，将更多设置选项框打开。因为更多设置中默认勾选了所有数据库，所以，如果只选择 Science Citation Index Expanded（SCI-EXPANDED）数据库，需要点击其余的数据库取消勾选，通过 find_element_by_xpath 定位到数据库勾选的 input 标签，通过 click（）进行点击，将除了 SCI-EXPANDED 的数据库取消勾选，如图 5-9 所示。

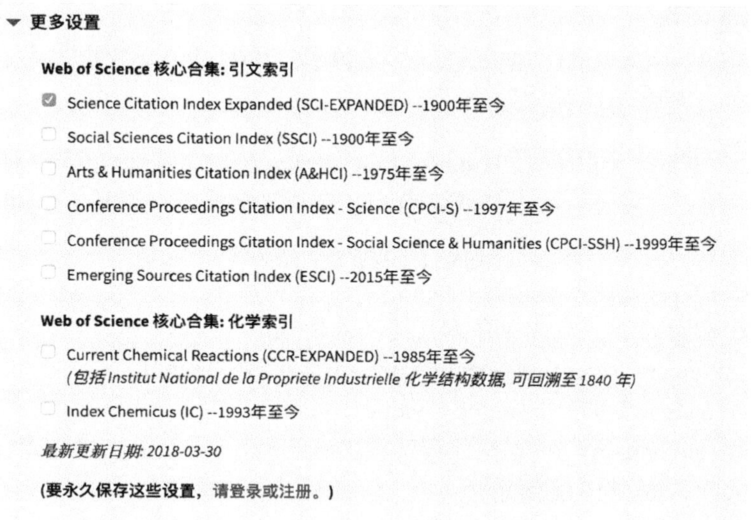

▼ 更多设置

Web of Science 核心合集: 引文索引

☑ Science Citation Index Expanded (SCI-EXPANDED) --1900年至今

☐ Social Sciences Citation Index (SSCI) --1900年至今

☐ Arts & Humanities Citation Index (A&HCI) --1975年至今

☐ Conference Proceedings Citation Index - Science (CPCI-S) --1997年至今

☐ Conference Proceedings Citation Index - Social Science & Humanities (CPCI-SSH) --1999年至今

☐ Emerging Sources Citation Index (ESCI) --2015年至今

Web of Science 核心合集: 化学索引

☐ Current Chemical Reactions (CCR-EXPANDED) --1985年至今
(包括 Institut National de la Propriete Industrielle 化学结构数据, 可回溯至 1840 年)

☐ Index Chemicus (IC) --1993年至今

最新更新日期: 2018-03-30

(要永久保存这些设置，请登录或注册。)

图 5-9　更多设置示意图

（8）完成了上述设置后，点击检索：

searchButton =
　　driver.find_element_by_xpath('//button[@id="search-button"]')
searchButton.click()

　　find_element_by_xpath 是用 xpath 定位页面中元素的方法，使用 find_element_by_xpath('//button[@id="search-button"]') 定位检索按钮（id 为 search-button 的 button 标签），再使用 click() 命令点击检索按钮，如图 5-10 所示。

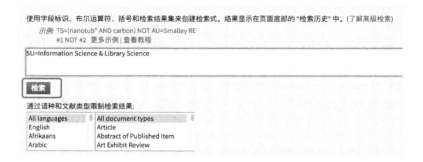

图 5-10　检索示意图

（9）检索跳转后，点击检索结果：

searchResult=
　　driver.find_element_by_xpath('//a[@title="单击以查看检索结果"]')
searchResult.click()

　　使用 find_element_by_xpath 定位检索结果，并用 click() 模拟点击，跳转到检索结果列表，如图 5-11 所示。

图 5-11　查看检索结果

（10）在检索列表中选择保存为其他文件格式：

saveToMenuSelect=driver.find_element_by_id("saveToMenu")
Select(saveToMenuSelect).select_by_value("other")

　　用 find_element_by_id 定位保存选项的选择框，用 Select 类选择"保存为其他文件格式"，如图 5-12 所示。

图 5-12　保存为其他文件格式

（11）选择完保存为其他文件格式后，会弹出发送至文件的弹窗，在弹窗中设置下载的记录数、记录内容和文件格式：

element=
　　WebDriverWait（driver,10）.until（
　　　　EC.presence_of_all_elements_located（（By.ID, "markFrom"）））

点击保存为其他文件格式后，弹框需要一定的时间，如果点击后直接查找页面中的元素，会因为弹框没有弹出而无法找到元素，因此需要使用 WebDriverWait 设置显式等待时间，WebDriverWait（driver,10）.until（EC.presence_of_all_elements_located（（By.ID, "markFrom"）））表示等待页面中出现 id 为 markFrom 的元素后（最长等待时间设置为 10s），说明弹框已弹出，就可以开始执行下面的操作：

startField=driver.find_element_by_id（"markFrom"）
endField=driver.find_element_by_id（"markTo"）
startField.send_keys（startNum）
endField.send_keys（endNum）

使用 find_element_by_id（"markFrom"）和 find_element_by_id（"markTo"）分别定位到记录数的两个输入框，然后用 send_keys 发送要下载的记录数（使用循环自动生成开始记录数和结束记录数）。

bibFieldSelect=driver.find_element_by_id（"bib_fields"）
select（bibFieldSelect）.
　　select_by_visible_text（"全记录与引用的参考文献"）
saveOptionSelect=driver.find_element_by_id（"saveOptions"）
Select（saveOptionSelect）.select_by_value（"tabMacUTF8"）
sendButton=
　　driver.find_element_by_class_name（"quickoutput-action"）
sendButton.click（）

使用 driver.find_element_by_id（"bib_fields"）定位记录内容下拉框，然后 select_ by_visible_text("全记录与引用的参考文献")选择"全记录与引用的参考文献"。driver.find_element_by_id("saveOptions") 定 位 文 件 格 式 下 拉 框 ， 然 后 select_by_value("tabMacUTF8") 选 择 " 制 表 符 分 隔 "（Mac， UTF-8）。用 find_element_by_class_ name("quickoutput-action")定位到发送按钮，通过 click()命令点击发送按钮，将文件发送到本地设置的下载路径中，如图 5-13 所示。

图 5-13　设置记录数、记录内容和文件格式

（三）数据预处理

首先，将全数据集根据 $\Delta t = 1$、$\Delta t = 5$ 和 $\Delta t = 10$ 分为三个子数据集 DataSet1、DataSet5 和 DataSet10。其中 DataSet1 包含出版年 1996～2015 年的所有论文，一共 35725 篇论文；DataSet5 包含出版年 1996～2011 年的所有论文，一共 28324 篇论文；DataSet10 包含出版年 1996～2006 年的所有论文，一共 19950 篇论文。

基于本研究的问题定义，设定 Δt 分别为 1 年、5 年和 10 年，把论文在出版 Δt 后的真实被引次数 $\text{Citation}_{d_i, t_{d_i} + \Delta t}$ 与第一作者 Author_{d_i} 在出版当年的篇均被引次数 $\text{Citation}_{\text{ave}, \text{Author}_{d_i}, t_{d_i}}$ 相比较。如果被引次数大于作者在出版当年的篇均被引次数，则认为此论文对提升作者的影响力起正面作用，标注为正类，否则标注为负类。

5.2.3　影响因素抽取

（一）主题多样性计算

本研究利用 LDA 来抽取论文主题，从而计算主题的多样性。首先将每篇论文的摘要和题名合并表示一篇论文，将所有论文都合并摘要和题名，形成主题多样性计算所使用的数据集。主题多样性计算包含以下几步。

1) 分词和词性标注

利用 NLTK(natural language toolkit)对数据集中论文的题名和摘要进行分词和词性标注。NLTK 是 Python 环境中用于自然语言处理的工具包。

NLTK 标注的词性包含 36 种,待分词和词性标注结束后,本研究仅保留名词和形容词,也就是保留形容词(标签为 JJ)、名词(标签为 NN、NNS、NNP、NNPS)和动名词(标签为 VBG),将剩下的词视为停用词丢弃。

2) 确定 LDA 相关参数

在 LDA 中,假设文档集合中一共有 M 篇文档,其中第 m 个文档中包含的词的数量是 N_m , $w_{m,n}$ 是 m 个文档中的第 n 个词,将文档集合中的所有词进行统计,形成一个大小为 V 的词典, $z_{m,n}$ 是第 m 个文档中第 n 个词的主题。指定要训练出的主题个数 K ,每一篇文档都有主题的多项分布, $\vec{\theta}_m$ 表示第 m 个文档的主题分布,是一个 K 维的向量。每一个主题都有词语的多项分布, $\vec{\varphi}_k$ 表示第 k 个主题的词分布,是一个 V 维向量。 $\vec{\alpha}$ 和 $\vec{\beta}$ 是事先指定的,分别是这两个分布的狄利克雷先验参数。 $z_{m,n}$ 、 θ 、 φ 都是未知的隐含变量,通过模型的学习估计,从而推断出最佳的隐变量值。如果要生成一篇文档,则需要首先从文档中选出一个主题,然后再从这个主题中选出文档中的词,把文档中的词都按照这种方式进行选择,当一个文档中的所有词选择出来后,就可以生成一篇文档,重复操作直到所有文档都生成完成。

因此,首先利用困惑度 perplexity 作为选取主题数 k 的准则。困惑度是一种常用的用来评价聚类效果的标准。困惑度越低,说明模型的效果越好。困惑度的计算公式如下:

$$\text{perplexity}(D) = e^{-\frac{\sum \log p(w)}{\sum_{d=1}^{M} N_d}} \tag{5-7}$$

其中,分母是测试集中所有单词的数目, $p(w) = \sum p(t|d) \cdot p(w|t)$, $p(t|d)$ 是一个文档中每个主题出现的概率, $p(w|t)$ 是每一个单词在某个主题下出现的概率。

本研究使用 90%的数据作为训练集,10%的数据作为测试集,将主题数分别设置为 50 个、100 个、150 个、200 个、250 个、300 个、350 个、400 个,分别计算在不同主题下的困惑度大小,如图 5-14 所示。可以看出,主题数为 350 个的时候困惑度最低。因此,将主题数 k 选定为 350,超参数 α 设置为 0.01, β 设置为 50/k(k 为主题个数)。

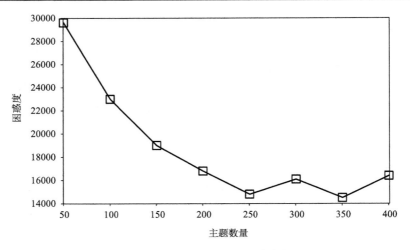

图 5-14　不同主题数量下的困惑度值

3) 训练主题模型并计算主题多样性

使用上一步选择的参数训练 LDA 模型，得出每个文档对应的主题分布 $T(d)$ 和每个主题对应的词分布 $W(t)$，得到文档主题分布后，根据公式 (5-6)，计算每一篇论文的主题多样性 $D(d)$。本研究随机选择了其中的两个文档和主题，对文档的主题及其概率分布进行了展示。其中，文档主题分布选择了与文档主题概率值最高的前 10 个主题 (按照概率由大到小排列)，见表 5-3；主题词分布选择了主题词概率值最高的前 10 个词 (按照概率由大到小排列)，表 5-4。

表 5-3　文档主题分布的前 10 个主题

文档 22865		文档 3512	
主题	概率值	主题	概率值
345	0.1927177543429421	28	0.12111415068161854
228	0.1287111324812559	345	0.11232454668509516
65	0.045607422781089466	124	0.1004739969442233
45	0.036598817674234604	216	0.06034034884434579
68	0.02879705332193805	188	0.044354060484205426
28	0.0258232802393838	256	0.025359016828290188
213	0.02527413299860442	78	0.024440120717143975
66	0.018515486129393313	334	0.02432377428765733
334	0.018392422421056178	64	0.01166854296052828
56	0.015187702844843763	269	0.01146433598137755

表 5-4　主题词分布的前 10 个词

主题 345		主题 28	
词	概率值	词	概率值
semantic（语义）	0.0231467488055080	classification（分类）	0.03293721596090832
text（文本）	0.021337570140227396	algorithms（算法）	0.02609102284347052
methods（方法）	0.018015687852898192	datasets（数据集）	0.022350679216947292
mining（挖掘）	0.017167591822381173	chinese（中国的）	0.022238669508183106
language（语言）	0.013176819464444397	machine（机器）	0.014712360577936326
message（消息）	0.012370617336215518	term（词）	0.014710049684596308
words（词）	0.011903949213623529	properties（属性）	0.013918898048371011
retrieval（检索）	0.01048652576312106	problem（问题）	0.013752518238923706
extraction（抽取）	0.010169475047108278	century（世纪）	0.013234139109733535
topic（主题）	0.010094811226572955	spectrum（范围）	0.013145524724973297

（二）计算和统计其他影响因素

根据公式（5-4）及作者的合作数据，建立合作关系网络 $G(A.Co)$。其中，参数 d 取 0.85，计算出每一个作者的社会性 $S(a)$。然后，对每一篇论文的研究方向进行独热（one-hot）编码。因为数据集中共有 12 种研究方向，所以将每一篇论文的研究方向转换为一个 12 维的二进制向量。论文中研究方向所对应的维度标记为 1，其余标记为 0。

同时，基于本实验中所采用的数据集，对其他影响因素进行计算和统计。有些因素会随着时间的变化而产生变化，比如作者的 H 指数、篇均被引次数、已发表的论文数和过去最大被引次数等，这些因素在不同的时间节点进行计算和统计，得出的结果也不同。在使用论文的这些影响因素时，必须要使用在论文发表时间 t 时的计算和统计结果，以便于还原最真实的论文预测场景。因此在对这些因素进行计算时，对每一年的因素数值大小都进行计算，比如计算作者在时间 t 时的 H 指数，就是统计出数据集中作者发表的所有在时间 t 之前的论文，将这些论文按照被引频次从大到小排序，然后根据 H 指数的计算规则，计算出在时间 t 时该作者的 H 指数。这样计算出每一年的 H 指数后，再根据论文发表的时间，选出论文第一作者在论文发表当年对应的 H 指数，作为该论文的预测和影响因素作用强度排序任务所要使用的数据。

最后，将抽取出来的所有影响因素进行归一化处理，把每一维度的原始数据都等比例缩放到[0,1]范围内。归一化公式为：$X_{\text{norm}} = \dfrac{X - X_{\min}}{X_{\max} - X_{\min}}$，其中 X_{norm} 为归一化后的数据，X 为原始数据，$X_{\max}$ 和 $X_{\min}$ 分别为原始数据集中的最大值和最小值。

5.3　预测与影响因素作用强度分析

5.3.1　论文引用预测

将 70% 的数据作为训练集，30% 的数据作为测试集，分别使用所有影响因素、单类影响因素和两两组合影响因素，使用朴素贝叶斯、逻辑回归、支持向量机、GBDT、XGBoost、AdaBoost 和随机森林等七种算法来进行预测任务。使用曲线下面积（area under curve， AUC）和 F1 值作为评测指标，评测预测的准确性。模型的训练过程如图 5-15 所示。

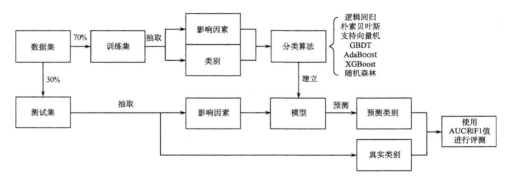

图 5-15　分类模型的训练过程

首先，抽取数据集中的影响因素，将数据类别进行标注，其中的 70% 数据作为训练集，30% 数据作为测试集。然后，将训练集中的影响因素和类别使用分类算法训练建立分类模型，然后将测试集中的影响因素输入分类模型，分类模型输出其预测的类别。最后，将分类模型预测出的类别与真实类别进行比较，计算出模型的 AUC 和 F1 值，对模型的效果进行评价。

（一）朴素贝叶斯

朴素贝叶斯假设样本的特征之间互不影响，一个特征的变化不会引起其他特征的变换，特征之间是相互独立的，基本思想是：如果要对一个样本进行分类，那么就计算其出现在各个类别中的概率，概率最大的类别就作为预测出的类别输出。

本研究使用 Python 的 scikit-learn 来训练朴素贝叶斯，scikit-learn 中有三种朴素贝叶斯算法：GaussianNB（高斯朴素贝叶斯）、multinomialNB（多项式朴素贝叶

斯)和 BernoulliNB(伯努利朴素贝叶斯)。因为多项式朴素贝叶斯和伯努利朴素贝
叶斯主要用于离散特征分类,所以本研究选择了 GaussianNB,而 GaussianNB 训
练不需要设置任何参数。

(二)逻辑回归

逻辑回归是在线性回归的基础上,增加一个 sigmoid 函数 $g(x) = \dfrac{1}{1+e^{-z}}$,从
而得到一个在 0 和 1 之间的数值,这个数值大于 0.5 的话,则数据被分为 1 类,
否则被分为 0 类。

本研究使用 Python 的 scikit-learn 来训练逻辑回归,在 scikit-learn 中,与逻辑
回归相关的主要有三个类:logisticRegression、logisticRegressionCV 和
logistic_regression_path。logisticRegression 和 logisticRegressionCV 的区别是
logisticRegressionCV 使用了交叉验证来选择正则化系数 C,而 LogisticRegression
每次都需要指定正则化参数;而 logistic_regression_path 不能用来做预测,因此本
研究选择 logisticRegressionCV 来训练分类模型。

logisticRegressionCV 的重要参数包括:①penalty:正则化选择,可以选择
$L1$(对应 $L1$ 正则化)和 $L2$(对应 $L2$ 正则化);②solver:损失函数优化算法选择,
包含四种优化算法:liblinear、lbfgs、newton-cg 和 sag,如果 penalty 选择了 $L1$,
则损失函数优化算法只能选择 liblinear,如果 penalty 选择了 $L2$,则上述四种算法
都可以选择;③ class_weight:指定样本各类别的权重,主要是针对样本类别不
平衡的问题,可以自己指定各个类别样本的权重,或者使用 balanced,如果使用
balanced,则算法会自己计算权重,样本量少的类别对应的权重会高,如果样本
类别比较均衡,则该参数可以设置为 None。

通过多轮训练、查阅资料和经验进行参数调整,最终将参数确定如表 5-5
所示。

表 5-5　logisticRegressionCV 参数选择

参数	参数值
penalty	$L2$
solver	liblinear
class_weight	balanced

(三)支持向量机

支持向量机进行二分类的原理是:在训练数据中找到一个划分超平面,把属

于 1 类和 0 类的数据用这个划分超平面分开。这样，在对新数据进行分类时，数据落在划分超平面的哪一边，就被分为属于这一边的那一类中。

本研究使用 Python 的 scikit-learn 来训练 SVM，scikit-learn 封装了 SVM 的类库，其中分类的算法库包括 SVC、NuSVC 和 LinearSVC 三类。SVC 与 NuSVC 的区别仅在于对损失的度量方式不同，一般常使用 SVC，仅在对训练集训练的错误率或者对支持向量的百分比有要求的时候，才会选择 NuSVC；而 LinearSVC 则仅仅支持线性核函数，因此选择 SVC 来训练分类模型。

SVC 的重要参数包括：①C：惩罚系数，C 越大，对误分类的惩罚越大，泛化能力越弱；②kernal：核函数，核函数有四种选择：linear（线性核函数）、poly（多项式核函数）、rbf（高斯核函数）和 sigmoid（sigmoid 核函数）；③degree：核函数参数 d，如果 kernal 设置为 poly，那么就需要调整这个参数，该参数对应 $K(x,z)=(\gamma x \cdot z+r)^d$ 中的 d；④gamma：核函数参数 γ，如果 kernal 设置为 poly、rbf 或者 sigmoid，那么就需要调整该参数，在多项式核函数中，该参数对应 $K(x,z)=(\gamma x \cdot z+r)^d$ 中的 γ；在高斯核函数中，该参数对应 $K(x,z)=\exp\left(-\gamma\|x-z\|^2\right)$ 中的 γ；在 sigmoid 核函数中这个参数对应 $K(x,z)=\tanh(\gamma x \cdot z+r)$ 中的 γ；⑤ coef0：核函数参数 r，如果 kernal 设置为 poly，或者 sigmoid，那么就需要调整该参数，在多项式核函数中，该参数对应 $K(x,z)=(\gamma x \cdot z+r)^d$ 中的 r；在 sigmoid 核函数中，该参数对应 $K(x,z)=\tanh(\gamma x \cdot z+r)$ 中的 r；⑥class_weight：指定样本各类别的权重，主要是针对样本类别不平衡的问题，可以自己指定各个类别样本的权重，或者使用 balanced，如果使用 balanced，则算法会自己计算权重，样本量少的类别对应的权重会高，如果样本类别比较均衡，则该参数可以设置为 None。

通过多轮训练、查阅资料和经验进行参数调整，最终将参数确定如表 5-6 所示。

表 5-6　SVC 参数选择

参数	参数值
C	0.8
kernal	rbf（因此不用设置 degree 和 coef0）
gamma	auto
class_weight	balanced

（四）Boosting 集成学习算法

在 Boosting 中，后一个学习器是基于前一个学习器生成的，在根据数据生成一个学习器以后，对这个学习器得出的结果进行总结改进，生成下一个学习器，就这样不断地生成新的学习器，从而将学习器的性能进行改进和提升。GBDT、XGBoost、AdaBoost 都属于 Boosting 流派，它们由于其出色的泛化能力在近几年被广泛应用于学术研究和实际工作中。Boosting 的工作原理可用图 5-16 表示。

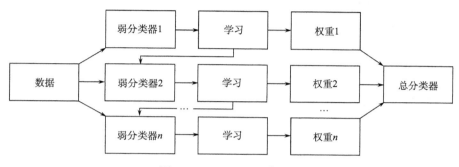

图 5-16　Boosting 工作原理

1）AdaBoost

AdaBoost 是 Boosting 方法中最具代表性的提升算法。当生成一个学习器以后，先对样本进行分类测试：结果正确，就降低这个样本在下一轮学习中的权重；结果错误，就提高这个样本在下一轮学习中的权重，使得学习器在不断的学习和改进中获得更优的性能。

本研究使用 Python 的 scikit-learn 训练 AdaBoost。scikit-learn 封装了 AdaBoost 的类库，其中 AdaBoostClassifier 是用于分类的类，包括两种 AdaBoost 分类算法的实现：SAMME 和 SAMME.R。AdaBoostClassifier 的参数包括两部分，一部分是 AdaBoost 框架的参数，另一部分是弱分类器的参数。

AdaBoost 框架的重要参数包括：①base_estimator：这个参数决定了弱学习器的种类，AdaBoostClassifier 的默认弱分类器是 CART 分类树，参数值为 DecisionTreeClassifier；②algorithm：选择分类算法，包括 SAMME 和 SAMME.R，两种算法对弱学习器权重的确定方式不同，SAMME 把样本集的分类效果作为弱学习器的权重，而 SAMME.R 则是把对样本集分类的预测概率大小作为弱学习器权重，SAMME.R 迭代速度比 SAMME 快；③n_estimators：弱学习器的最大迭代次数，也就是弱学习器的最多个数，n_estimators 太小容易欠拟合，太大容易过拟合；④learning_rate：每个弱学习器的权重缩减系数，取值为 0 和 1 之间，权重缩减系数越小，弱学习器的迭代次数越多，通常 learning_rate 和 n_estimators 要一起调参。

弱学习器的重要参数包括：①max_features：表示在划分的时候考虑的最大特征数，如果特征较多，则需要设置该参数，以减少训练时间，默认值是 None；②max_depth：表示弱分类器决策树的最大深度，与 max_features 类似，如果特征较多，则需要降低最大深度以减少训练时间；③min_samples_split：表示内部节点再划分所需要的最小样本数，如果某节点的样本数少于该参数设置的数值，则不再进行划分；④min_samples_leaf：叶子节点最少样本数，如果某叶子节点样本的数目小于这个参数设置的数值，则会和兄弟节点一起被剪枝。

通过多轮训练、查阅资料和经验进行参数调整，最终将参数确定如表 5-7 所示。

表 5-7　AdaBoostClassifier 参数选择

参数	参数值
base_estimator	DecisionTreeClassifier
algorithm	SAMME.R
n_estimators	100
learning_rate	1
max_features	None
max_depth	10
min_samples_split	10
min_samples_leaf	5

2）GBDT

GBDT 通过多轮迭代，每一轮迭代都产生一个弱分类器（一般使用 CART 作为弱分类器），沿着上一个弱分类器损失函数的梯度下降方向训练出下一个弱分类器，最后将每一轮迭代产生的弱分类器加权求和，得到总分类器。

本研究使用 Python 的 scikit-learn 训练 GBDT，scikit-learn 封装了 GBDT 的类库，其中 GradientBoostingClassifier 是用于分类的类，GradientBoostingClassifier 的参数分为两类：一类是 Boosting 框架的参数，另一类是弱学习器的参数。

Boosting 框架的重要参数包括：① n_estimators，设置了弱学习器的最大迭代次数，也就是弱学习器的最大个数，该参数太大模型会过拟合，太小则会欠拟合；② learning_rate，设置的是每个弱学习器的步长，步长越小，迭代次数就越多，因此 n_estimators 和 learning_rate 常常一起调参；③ loss，也就是损失函数，分类模型有两种损失函数，对数似然损失函数 deviance 和指数损失函数 exponential。

弱学习器的重要参数包括 max_features、max_depth、min_samples_split、

min_samples_leaf。

通过多轮训练、查阅资料和经验进行参数调整，最终将参数确定如表 5-8 所示。

表 5-8　GradientBoostingClassifier 的参数选择

参数	参数值
n_estimators	500
learning_rate	0.05
loss	deviance
max_features	None
max_depth	10
min_samples_split	5
min_samples_leaf	5

3) XGBoost

XGBoost（extreme gradient boosting）是在 GBDT 基础上对 Boosting 算法的改进。

本研究使用 Python 的 xgboost 包来训练 XGBoost，包含三种类型的参数：第一种是常规参数，第二种是弱学习器参数，第三种是学习任务参数。

通用参数主要包括：①booster：可以选择 gbtree 或者 gblinear，其中 gbtree 使用树模型作为弱学习器，gblinear 使用线性模型作为弱学习器；②nthread：运行时的线程数，如果不设置则自动使用当前系统可获得的最大线程数。

弱学习器的参数主要包括：①n_estimators：总共迭代的次数，也就是决策树的个数；②max_depth：树的深度，max_depth 太小，容易欠拟合，太大则容易过拟合；③min_child_weight：样本权重和的最小值，当一个叶子节点的所有样本权重加起来小于这个数时，则该节点停止进行分裂；④subsample：训练每棵树时，使用的数据占全部训练集的比例；⑤colsample_bytree：训练每棵树时，使用的特征占全部特征的比例；⑥eta：为了防止过拟合，每次迭代更新权重时的步长。

学习任务的参数主要是 objective：目标函数。对于二分类任务，有两种选择，一种是 binary：logistic，输出的是概率，另一种是 binary：logitraw，输出的是类别。

通过多轮训练、查阅资料和经验进行参数调整，最终将参数确定如表 5-9 所示。

表 5-9　XGBoost 参数选择

参数	参数值
booster	gbtree
nthread	不输入
n_estimators	100
max_depth	6
min_child_weigh	1
subsample	0.8
colsample_bytree	0.8
eta	0.3
objective	binary：logistic

4）随机森林

随机森林是集成学习 Bagging 流派的经典算法。集成学习 Bagging 将各个分类器进行线性组合，因此分类器之间互相没有影响。它使用自助采样法(bootstrap sampling)对数据进行采样，通过对数据进行有放回采样，n 轮以后，可采样出 n 个与原数据集一样大小的数据集。但是这个数据集中，有些数据是重复出现的，而有些数据则没有被采样到，从而使得每一轮使用的数据集之间既有相似的部分，也不至于完全相同。然后对每一个数据集进行训练，分别形成分类器，再将这些分类器分类出的结果进行结合。在对预测输出进行结合时，对于分类问题，通常使用简单投票法或者加权投票法，将得到票数最多的类别作为最终的预测输出。Bagging 的工作原理可用图 5-17 表示。

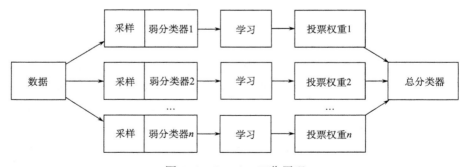

图 5-17　Bagging 工作原理

随机森林将决策树作为基学习器，训练出许多棵树组成森林，并且在每一棵树选择分割点的时候，随机对属性进行选择，所以被叫作随机森林。这样，通过自助采样和属性选择，使得基分类器之间有一定程度的差异，能增加模型的泛化能力。

本研究使用 Python 的 scikit-learn 训练随机森林，scikit-learn 封装了随机森林的类库，其中 RandomForestClassifier 是用于分类的类，其参数包括两部分，一部分是 Bagging 框架的参数，另一部分是分类回归决策树（classification and regression trees，CART）的参数。

Bagging 框架的重要参数包括：①n_estimators：弱学习器的最大迭代次数，也就是弱学习器的最大个数，n_estimators 太小容易欠拟合，太大容易过拟合，需要选择一个适中的数值；②bootstrap：该参数决定了采样时是否有放回采样，该参数可选择 True 和 False；③criterion：CART 树在划分特征时的评价标准，分类模型的标准可选择基尼系数和信息增益。

CART 决策树的重要参数包括 max_features、max_depth、min_samples_split、min_samples_leaf。

通过多轮训练、查阅资料和经验进行参数调整，最终将参数确定如表 5-10 所示。

表 5-10　RandomForestClassifier 参数选择

参数	参数值
n_estimators	100
bootstrap	True
criterion	gini
max_features	auto
max_depth	10
min_samples_split	4
min_samples_leaf	2

5.3.2　论文引用预测结果

（一）预测评估指标

将 70%的数据作为训练集，30%的数据作为测试集，分别使用所有影响因素、单类影响因素和两两组合影响因素，使用上述 7 种算法来进行预测任务。

本研究使用分类器性能评价常用的指标 ROC（receiver operating characteristic curve）曲线下面积 AUC 和 F1 值来进行评测，这两个指标也常常被论文引用分类预测领域用来对预测效果进行评测（Dong, 2016; Bhat, 2015; Dong, 2015）。要计算 AUC 和 F1 值，首先需要对一些指标进行定义，如果实际值属于正类，预测值也为正类，则标记为 TP；如果实际值属于正类，预测值为负类，则标记为 FN；如果实际值为负类，预测值为正类，则标记为 FP；如果实际值为负类，预测值也为负类，则标记为 TN，见表 5-11。

表 5-11　分类结果的混淆矩阵

实际值 ＼ 预测值	正	负
正	TP	FN
负	FP	TN

1）AUC

AUC 和 ROC 常被用来评价一个二分类器的分类性能，AUC 值越大，说明分类器的效果越好。ROC 曲线坐标轴的横坐标叫作"假正例率"，用符号表示为 FPR，纵坐标叫作"真正例率"，用符号表示为 TPR。FPR 和 TPR 的计算方法如下：

$$FPR = \frac{FP}{TN + FN} \tag{5-8}$$

$$TPR = \frac{TP}{TP + FP} \tag{5-9}$$

2）F1 值

F1 值是准确率（precision）和召回率（recall）的调和均值。准确率是预测出的正样本中真实正样本的比例，召回率是真实的正样本中被正确预测为正样本的比例。准确率和召回率越高，说明模型效果越好。但是准确率和召回率常常是相互制约的，因此 F1 值用来对准确率和召回率进行加权调和，其公式为

$$precision = \frac{TP}{TP + FP} \tag{5-10}$$

$$recall = \frac{TP}{TP + FN} \tag{5-11}$$

$$F1值 = \frac{2 \times precision \times recall}{precision + recall} \tag{5-12}$$

（二）使用所有影响因素时的算法比较

本研究首先使用所有影响因素和不同算法进行实验，将七种影响强度检测算法实验结果的 AUC 和 F1 值在柱状图中呈现。其中 X 轴是 Δt，分别为 1、5 和 10 年，Y 轴是评测指标的大小，分别见图 5-18 和图 5-19。

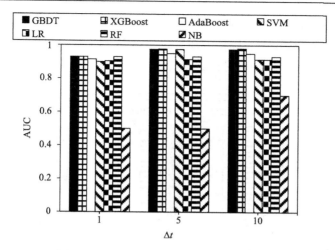

图 5-18　Δt 取不同值时，不同模型的 AUC

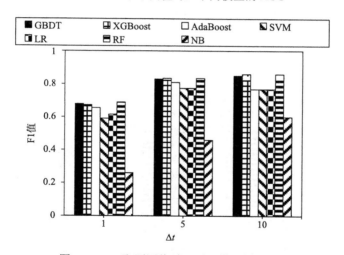

图 5-19　Δt 取不同值时，不同模型的 F1 值

　　从图中可以看出，在 Δt 分别为 1、5 和 10 年时，GBDT、XGBoost 和随机森林在 AUC 和 F1 值指标上取得了最好的结果。其中，XGBoost 和随机森林在 F1 值和 AUC 上分别达到了 0.85 和 0.96 以上的分数。该结果证明当前的影响因素选择方式和算法选择对于论文被引预测是有效的，也证明集成学习算法适用于论文引用预测这一领域。

（三）不同类别影响因素对预测的影响

　　为了进一步检验作者、期刊和论文三个类别的影响因素在预测中的作用，本研究又分别对这三类影响因素单独进行了试验。然后，将这三类影响因素两两组合进行试验，分别考察不同情况下的表现。考虑到当前预测 10 年的效果最好，因此只选择时间间隔为 10 年。选择表现最好的三个算法 GBDT、XGBoost 和随机森林进行试验，结果如图 5-20~图 5-23 所示。

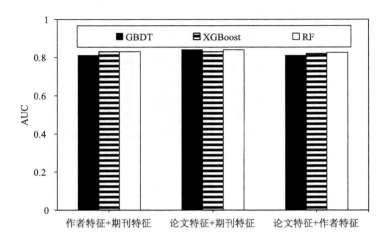

图 5-20　使用单类影响因素时，不同模型的 AUC

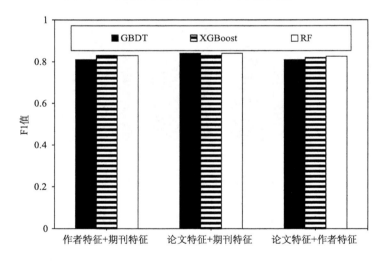

图 5-21　使用单类影响因素时，不同模型的 F1 值

从结果中可以看出，单独使用某一类影响因素的效果都要逊色于全部影响因素下的效果。其中，只利用论文相关影响因素的效果要略好于其他两类影响因素，而影响因素两两组合后的效果要优于只采用单一某类影响因素，但是仍然逊色于使用全部影响因素的预测效果。其中，"作者+论文"的影响因素组合是两两组合中效果最好的。综上可以看出任一类下的影响因素或者影响因素的两两组合效

果都不如全特征下的效果好，即在本数据展开的预测中，利用的特征越多，预测也就越准确。

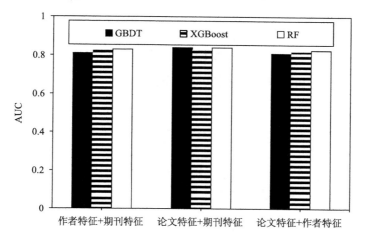

图 5-22　影响因素两两组合时，不同模型的 AUC

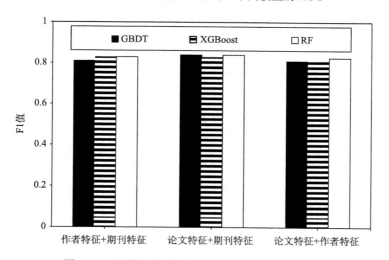

图 5-23　影响因素两两组合时，不同模型的 F1 值

5.3.3　影响因素作用强度排序

在进行了论文引用预测后，本研究使用 GBDT 对影响因素的作用强度进行排序。GBDT 是由多棵决策树迭代组成，每一棵树迭代的过程中都会做特征选择，通过特定的衡量指标从候选特征中选择一个特征及相应的分裂值，特征所处的树层次越接近根节点，分裂次数越多，特征就越重要，特征 j 的重要性计算方法为

Friedman 提出的 (Friedman, 2001)：

$$\hat{I}_j^2(T) = \sum_{t=1}^{J-1} \hat{i}_t^2 (v_t = j)$$ (5-13)

其中，树 T 有 J 个叶子节点，则非叶子节点有 $J-1$ 个，v_t 是跟节点 t 相关的分裂特征，$\hat{i}_t^2$ 是对应节点 t 分裂后减少的平方损失。而对于包含了 M 棵树的森林 $\{T_m\}_1^M$ 来说，特征 j 的全局重要性可以通过其在所有树上的重要性平均值推导出来：

$$\hat{I}_j^2 = \frac{1}{M} \sum_{m=1}^{M} \hat{I}_j^2 (T_m)$$ (5-14)

分别在使用所有影响因素、单类影响因素和两两组合影响因素的情况下，利用 GBDT 进行影响因素的作用强度排序。

5.3.4 影响因素作用强度排序结果

在本实验中，可以利用 GBDT 输出所有影响因素的作用强度分布。表 5-12 列出了在时间间隔取不同值时，排名前 10 位的影响因素作用强度值。

表 5-12 全部影响因素作用强度排序

时间间隔 / 排名	$\Delta t = 1$		$\Delta t = 5$		$\Delta t = 10$	
	影响因素	强度	影响因素	强度	影响因素	强度
1	第一作者篇均被引数	0.3282	论文使用次数	0.2608	论文的使用次数	0.2241
2	论文的使用次数	0.1615	第一作者篇均被引数	0.253	论文页数	0.2192
3	第一作者的过去最大被引数	0.1121	参考文献数量	0.1328	第一作者篇均被引数	0.1821
4	论文参考文献数量	0.107	论文页数	0.1089	参考文献数量	0.1345
5	期刊的总被引数	0.04848	第一作者的过去最大被引数	0.1076	第一作者的过去最大被引数	0.1058
6	期刊即时指数	0.03553	论文的主题多样性	0.01998	第一作者的论文总数	0.01567
7	排除自引后的期刊影响因子	0.0345	期刊的总被引数	0.01889	主题多样性	0.01426

续表

时间间隔 排名	$\Delta t = 1$		$\Delta t = 5$		$\Delta t = 10$	
	影响因素	强度	影响因素	强度	影响因素	强度
8	论文页数	0.02953	排除自引后的期刊影响因子	0.01677	期刊的总被引数	0.01401
9	第一作者论文总数	0.02599	第一作者论文总数	0.01026	期刊被引半衰期	0.01265
10	论文的主题多样性	0.01859	期刊即时指数	0.01008	排除自引后的期刊影响因子	0.01258

从表中可以看出，在时间间隔分别取 1、5 和 10 年时，论文相关的影响因素和期刊相关的影响因素在 GBDT 的训练中都起到了较为重要的作用。其中论文相关的影响因素中，论文的使用次数和参考文献数量在三个时间间隔中都排在了较前的位置，这表明论文被浏览下载的次数越多，越有可能被引用，论文的参考文献越丰富，论文前期的调研工作越扎实。另外，在作者相关的影响因素中排名靠前的是第一作者的篇均被引次数和第一作者的最大被引次数。一般而言第一作者是论文的撰写者，是直接决定论文内容的人，因此第一作者自身的学术水平会较大地影响论文是否会被潜在引用。

在对所有影响因素进行作用强度排序后，本研究利用 GBDT 分析了使用单类影响因素和影响因素两两组合时的作用强度。表 5-13 和表 5-14 分别列出了使用单类影响因素时输出作用强度前 5 位的影响因素，影响因素两两组合时输出作用强度前 10 位的影响因素。

表 5-13　单类影响因素作用强度排序前 5 位

期刊影响因素		论文影响因素		作者影响因素	
影响因素	强度	影响因素	强度	影响因素	强度
期刊的总被引数	0.2546	论文页数	0.4222	第一作者的篇均被引数	0.36
期刊的影响因子	0.1555	论文使用次数	0.3046	第一作者的过去最大被引数	0.2846
期刊即时指数	0.1351	论文参考文献数量	0.1682	第一作者的社会性	0.1795
期刊引用半衰期	0.1015	论文的主题多样性	0.05159	第一作者的论文总数	0.1415
排除自引后的期刊影响因子	0.0858	论文的研究方向	0.008749	第一作者的 H 指数	0.0342

表 5-14　影响因素两两组合作用强度排序前 10 位

作者+期刊		论文+期刊		论文+作者	
影响因素	强度	影响因素	强度	影响因素	强度
第一作者的篇均被引数	0.2046	论文使用次数	0.3161	论文使用次数	0.2545
期刊的总被引数	0.1573	论文页数	0.3153	论文页数	0.2463
第一作者的过去最大被引数	0.1381	论文参考文献的数量	0.1202	第一作者的篇均被引数	0.2139
期刊即时指数	0.1127	论文的主题多样性	0.03258	论文参考文献数量	0.1125
期刊的影响因子	0.05484	期刊的总被引数	0.02863	第一作者的过去最大被引数	0.09672
第一作者的社会性	0.05082	排除自引后的期刊影响因子	0.02321	论文的主题多样性	0.02386
期刊引用半衰期	0.05077	期刊被引半衰期	0.02112	第一作者的论文总数	0.01942
排除自引后的期刊影响因子	0.04959	期刊即时指数	0.02005	论文的研究方向	0.007751
期刊被引半衰期	0.04783	平均期刊影响因子百分位	0.0193	第一作者的 H 指数	0.003116
平均期刊影响因子百分位	0.03539	期刊影响因子	0.01674	第一作者的社会性	0.000676

　　另外，从影响因素作用强度表中可以发现，不论是单一大类影响因素还是两两组合后的影响因素排序，其与全部影响因素下的作用强度排序大致是相同的。比如在单一大类影响因素中，在论文相关影响因素中排名第二位的论文使用次数和排名第三位的论文参考文献数在全部影响因素排序下是属于论文相关因素的前两位。作者相关影响因素排序中，排名第一的第一作者篇均被引次数和排名第二的第一作者最大被引次数在全部影响因素排序下也属于作者相关影响因素的前两位。在影响因素两两交叉组合的实验中也可以得到类似的结论，如论文相关影响因素与作者相关影响因素组合的作用强度排序与全部影响因素排序下的作用强度顺序相比，前几名的排序变化非常小。这从一定程度上相互验证了全部影响因素排序下输出的作用强度排序和单类影响因素以及两两组合影响因素作用强度排序的正确与否。

5.4　本章小结

本研究对与引用预测有关的影响因素进行了梳理分类，得到作者、期刊和论文三类影响因素，选取了情报学与图书馆学研究方向的论文和期刊数据进行实验研究，为了能更好地反映当前学科研究的跨学科特点，引入 web of science 中论文的研究方向属性并且提取出了论文的主题。另外，为了能够更好地捕捉期刊相关的影响因素，引入了 journal citation reports 中期刊的核心指标，从而更精确地预测论文的被引情况。在实验过程中，使用了朴素贝叶斯、逻辑回归、支持向量机和 GBDT、XGBoost、AdaBoost、随机森林等一系列树方法进行预测，取得了较好的效果。并且首次使用 GBDT 梳理出论文引用预测的影响因素作用强度排序，发现了在论文发表一段时间后，与论文引用更为相关的影响因素。从研究结果中可以看出以下几点。

（1）当 Δt 分别取 1 年、5 年和 10 年时，随着 Δt 的增大，七种算法的预测能力都有明显的提升，说明时间间隔越长，论文的被引情况就越趋于稳定，预测的效果也就越好。

（2）在七种算法中，本研究所引入的集成学习算法，如 GBDT、XGBoost 和随机森林取得了最好的预测效果，说明集成学习算法能很好地应用于论文引用预测中。

（3）通过影响因素作用强度分析发现，作者相关的影响因素和论文相关的影响因素比期刊相关的影响因素对论文引用预测的影响更大。在作者相关的影响因素中，作者的篇均被引数和最大被引数的作用强度较高，说明作者的被引数一定程度上代表了作者在其研究领域中的影响力，被引数高的作者能吸引到更多的引用；在论文相关影响因素中，论文的使用次数、参考文献数和页数相对论文的内容特征来说更为重要。这也与日常认知相符，参考文献数和页数表征了作者前期调研和后期研究的扎实程度，而论文的使用次数则反映了论文在数据库中的受欢迎程度，使用次数多，就能吸引更多的引用；而在期刊相关影响因素中，相对于被业界广为认可的期刊影响因子来说，排除自引后的期刊影响因子反而体现出更强的作用强度，说明自引对于提升学术影响力并没有太大作用。而在全部影响因素排序中发现，与论文相关的因素并不是最重要的因素，这可能是因为在引用他人成果时，常常会优先参考影响力较大的期刊发表的或者比较著名的作者的文章，然后才会考虑论文本身相关的一些特征。

第6章 面向主题覆盖度与权威度的评审专家推荐模型研究

在评审专家推荐中，通常既要保证推荐出的专家与待评审论文在研究主题的相关性较高，也要求他们在待评审论文的研究领域有较高的权威度。然而，专家在科研活动中常会涉及多个子研究主题，且一篇待评审论文也可能蕴含多个子主题。针对此问题，本章分析了专家对待评审论文的子主题覆盖程度和专家权威度两方面，为待评审论文推荐合适的评审专家。

本章首先分析专家已发表论文与待评审论文的文本内容，提取专家知识与待评审论文涉及的研究主题，并以特征向量形式做出表征；其次，基于对研究主题的侧重，本章分析了专家知识对待评审论文的主题覆盖度；再次，基于专家引用网络，并综合专家知识和发文时间，提出一种融合主题特征与时间特征的专家权威度模型；最后，提出一种融合专家主题覆盖度和权威度的专家推荐框架，实现专家推荐。

6.1 框 架 描 述

本章综合考虑专家知识对待评审论文的主题覆盖程度和专家权威度两方面为待评审论文推荐专家。本章将主要分为三个步骤，具体分析框架如图 6-1 所示。

(1)主题提取：首先从专家已发表论文的文本中提取专家的研究主题，并估计候选专家和待评审论文关于不同主题的权重。

(2)专家特征建模：本章计划从主题覆盖度和权威度等两方面刻画专家。主题覆盖度通常指专家知识对待评审论文主题的覆盖程度，本章考虑推荐的专家的知识应尽可能覆盖待评审论文的研究主题。权威度是专家研究能力的重要体现，权威度高的专家通常更能够给出更科学的评审意见。本章通过分析专家引用网络的链接结构，并融入专家知识及发文时间等因素来推断专家的权威度。

(3)专家推荐：该目标在于能够为待评审论文遴选出在知识上能够匹配且在该领域中具有较高权威度的评审专家。本章将构造综合考虑主题覆盖度和权威度两个因素的模型，以推荐合适的评审专家。

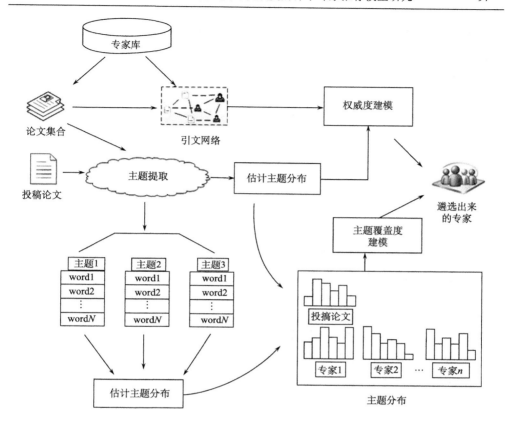

图 6-1　算法框架示意图

6.2　主题建模与特征提取

6.2.1　专家知识提取与待评审论文主题建模

专家在其科研活动中通常会涉及多个研究主题，一篇待评审论文也可能蕴含多个研究主题。因此，为实现推荐的专家与待评审论文在研究主题方面的匹配程度，应首先分析专家知识与待评审论文研究内容的涉及主题。本章借助 AT 模型，提取专家研究成果中的 T 个研究主题并分析这些主题在专家研究成果中概率分布。在此基础上，本章利用期望最大化(expectation maximization, EM)算法来估计这些主题关于待评审论文中的概率分布。相似的方法还出现在其他研究(Kou, 2015; Zhai, 2004)中。

具体地，假设候选专家 r_i 在 T 个主题上的概率分布可表示为 $\vec{r_i} = \left(\vec{r_i}[1], \vec{r_i}[2], \cdots, \vec{r_i}[T]\right)$。其中，$\vec{r_i}[t]$ 为专家 r_i 与第 t 个主题的相关程度。然后，利

用 EM 算法估计待评审论文 s 在 T 个主题上的概率分布 $\vec{s}=(\vec{s}[1],\vec{s}[2],\cdots,\vec{s}[T])$。
EM 算法具体如下：

E 步：

$$p^{(n+1)}\left(z_{w_i}=t\right)=\frac{\vec{s}\left[t\right]^{(n)}p^{(n)}(w_i\mid t)}{\sum_{t'=1}^{T}\vec{s}\left[t'\right]^{(n)}p^{(n)}(w_i\mid t')} \tag{6-1}$$

M 步：

$$\vec{s}\left[t\right]^{(n+1)}=\frac{\sum_{w\in W}c\left(w,s\right)p^{(n+1)}\left(z_w=t\right)}{\sum_{t'=1}^{T}\sum_{w\in W}c\left(w,s\right)p^{(n+1)}\left(z_w=t'\right)} \tag{6-2}$$

在 E 步中，计算得到单词 w_i 属于主题 t 的概率分布 $p\left(z_{w_i}=t\right)$；在 M 步中，计算得到评审论文 s 在主题 t 上的概率分布 $\vec{s}[t]$。其中，$p(w_i|t)$ 表示单词 w_i 属于主题 t 的概率，$c(w,s)$ 表示评审论文 s 中单词 w 的个数。核心代码如附录 1 所示。

6.2.2　专家特征提取

1）专家对待评审论文主题覆盖度的建模

本节考察专家知识对待评审论文所涉及主题的覆盖程度，并以此来反映专家与待评审论文的相关性。例如，假设评审专家 A、评审专家 B 与待评审论文的研究内容在数据库(DB)、数据挖掘(DM)与信息检索(IR)等三个主题上的分布如图 6-2 所示。相对于专家 B 来说，专家 A 可更好地覆盖待评审论文的主题。因此，这里任务专家 A 可能更适合该篇论文的评审。

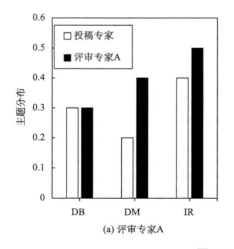
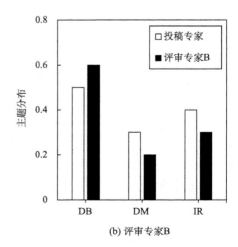

(a) 评审专家A　　　　　　　　　　(b) 评审专家B

图 6-2　主题覆盖度

通过 6.2.1 节的计算，可以得到专家 r_i 关于其研究方向的概率分布 $\vec{r_i}$ 及待评审论文 s 中各研究主题的分布 $\vec{s}$。其中，专家 r_i 在第 t 个主题上的概率为 $\vec{r_i}[t]$，而待评审论文 s 在第 t 个主题上的概率为 $\vec{s}[t]$。如果 $\vec{r_i}[t] < \vec{s}[t]$，则表明专家 r_i 对论文 s 在第 t 个主题存在知识欠缺。相反，$\vec{r_i}[t] > \vec{s}[t]$ 则表明 r_i 在第 t 个主题上满足了评审论文 s 所要求的知识程度。因此，本章以待评审论文 s 为基准，r_i 对待评审论文 s 的主题覆盖程度可定义为

$$c_i = \frac{\sum_{t=1}^{T} \min\left\{\vec{r_i}[t], \vec{s}[t]\right\}}{\sum_{t=1}^{T} \vec{s}[t]} \tag{6-3}$$

2) 融合主题特征与时间特征的专家权威度的建模

具有较高权威度的专家更有可能给予待评审论文较科学的审稿意见。因此，在主题覆盖度的基础上，本章引入了专家权威度。许多传统的专家权威度评价方法是通过 H 指数、发文量、引文量等计量指标来分析专家的权威度。然而，此类方法得到的专家权威度可能会出现以下弊端：遴选出来的专家权威度很高，但是与待评审论文主题相关性较低；遴选出来的专家过去在该领域发文较多且发表文章的质量相对较高，但近几年却对该领域关注较少，发表文章质量和数量相对较低，在该领域中的权威度出现明显下降。

针对这些问题，本章将传统的主题 PageRank 算法(Haveliwala, 2002)应用到评审专家权威度的测量中，称此模型为 TAM(topic authority model)。同时，本章在 TAM 中融入专家发文时间因素，提出了算法 TTAM(temporal topical authority model)。TTAM 主要考虑三个方面：①如果一位专家的被引次数越多，则其权威度也就越高。如果一位专家被高权威的作者引用，则该专家的权威度也越高。②如果一位专家被与待评审论文相关度高的作者引用次数越多，则该专家在待评审论文相关领域的权威度越高。③两位专家在其他条件相同的情况下，如果一位专家在近期发文量越大，则表明该专家近期态度积极，也更有可能抓住本领域的研究前沿，也更适合评审相关的论文。

基于以上考虑，TTAM 模型首先利用论文间的引用关系来构建作者引用网络 $G=(V, E)$。其中，V 表示专家间的引用关系，E 表示专家结点集合。然后，利用图 G 来估计专家 r_i 对特定待评审论文 s 的权威度 A_i。算法如下：

$$A_i \leftarrow a \sum_{q \in \text{ref}(r_i)} \left(w_q \times A_i \times B_{qi} + T_i\right) + (1-a)\frac{1}{N} \tag{6-4}$$

其中，变量 a 是专家引用链接之间的阻尼系数，$\text{ref}(r_i)$ 表示引用专家 r_i 论文的所有专家。w_q 表示第 q 位专家与待评审论文 s 的主题的相关性，可通过其余弦相似度来估计：

$$w_q = \frac{\vec{r_q} \cdot \vec{s}}{\left\| \vec{r_q} \right\| \cdot \left\| \vec{s} \right\|} \tag{6-5}$$

B_{q_i} 表示专家 r_q 对专家 r_i 的支持力度，可以用公式(6-6)来估计：

$$B_{q_i} = \frac{O_{q_j}}{O_q} \tag{6-6}$$

其中，O_q 表示专家 r_q 引用其他专家发表论文的总次数，O_{q_j} 表示专家 r_q 引用专家 r_i 论文的次数。

此外，在该领域发表论文越频繁，越能体现该专家对该领域关注度越高，则更有可能给出较为科学的评审意见。因此，本章将专家活跃度来定义为

$$T_i = \sum_{T_{i,\mathrm{first}}}^{T_{i,\mathrm{end}}} e^{-(Y_{\mathrm{now}}-Y)} \times p(Y) \tag{6-7}$$

其中，$T_{i,\mathrm{first}}$ 表示专家 r_i 第一次发表文章的年份，$T_{i,\mathrm{end}}$ 表示专家 r_i 发表最新一篇文章的年份，Y_{now} 表示当前年份。$p_i(Y)$ 表示在年份 Y 下，专家 r_i 的总发量。

6.2.3　结合相关性与权威度的评审专家推荐方法

推荐的评审专家应尽可能覆盖待评审论文的研究内容，并且在待评审论文所研究领域的权威度也应该尽可能高。因此，本章提出 CAUFER(coverage and authority unification framework for expert recommendation)方法，以线性组合专家针对待评审论文的主题覆盖度和权威度两个因素，为特定的一篇论文遴选出合适的专家。CAUFER 可表示为

$$\mathrm{CAUFER}(r_i) = \lambda A_i + (1-\lambda) C_i \tag{6-8}$$

其中，λ 表示控制最终遴选结果的偏向，A_i 表示专家 r_i 的在待评审论文 s 相关研究主题下的权威度，C_i 表示评审专家 r_i 与待评审论文 s 的主题覆盖度。当 $\lambda=1$ 时，该推荐仅考虑主题覆盖度；当 $\lambda=0$ 时，该推荐仅考虑专家是否在待评审论文的相关领域具有较高的权威度。

6.3　实验设计与分析

6.3.1　实验设计及评价标准

本节将使用 3.1.1 节介绍的万方数据集，设计多个对比实验，来评估所提出算法在评审专家推荐领域的有效性。这些实验主要围绕以下两个角度展开。

（1）TTAM 模型与 TAM 模型的比较。

（2）CAUFER、VSM 模型、语言模型 LM 和 AT 模型等专家推荐模型的比较。

为检验提出模型的有效性，本章从相关性、活跃度、主题覆盖度、语义距离和权威度五个方面对不同算法做出评估。

1）相关性

相关性是指遴选出来的专家与待评审论文研究内容的相似程度。相似程度越高，则表明该专家可能越适合审稿。针对 k 篇待评审论文，推荐出的第 m 位专家平均相关性可定义为

$$\text{AvgRelevance}@k = \frac{\sum_{j=1}^{k}\frac{\vec{r_m}\cdot\vec{s_j}}{\|\vec{r_m}\|\cdot\|\vec{s_j}\|}}{k} \tag{6-9}$$

其中，$\vec{r_m}$ 和 $\vec{s_j}$ 分别指推荐出的第 m 位专家与第 j 篇待评审论文关于 T 个研究主题的概率分布。

2）活跃度

活跃度是指专家发表论文的活跃程度，用来分析专家权威度随时间的变化。针对 k 篇待评审论文，推荐出的第 m 位专家的平均活跃度为

$$\text{AvgActive}@k = \frac{\sum_{j=1}^{k}T_m^j}{k} \tag{6-10}$$

其中，T_m^j 指对 j 篇待评审论文推荐的第 m 位专家的活跃度，由公式(6-7)计算得出。

3）主题覆盖度

主题覆盖度是用来探究专家对待评审论文所涉及的多个主题的覆盖程度。主题覆盖度越高，则说明专家的研究内容更能够覆盖待评审论文的研究内容。针对 k 篇待评审论文，推荐出的第 m 位专家的平均主题覆盖度可定义为

$$\text{AvgCoverage}@k = \frac{\sum_{j=1}^{k}C_m^j}{k} \tag{6-11}$$

其中，C_m^j 指对第 j 篇论待评审论文推荐的第 m 位专家的主题覆盖度，由公式(6-3)计算得出。

4）语义距离

本章利用两个主题分布的 KL 距离来反映专家与待评审论文间的语义距离。语义距离值越小，则表明专家与待评审论文的研究内容越近。针对第 k 篇待评审论文，推荐出的第 m 位专家的平均语义距离可定义为

$$\text{AvgDistance}@k = \frac{\sum_{j=1}^{k}\sum_{t=1}^{T}\vec{s_j}[t]\log\frac{\vec{s_j}[t]}{\vec{r_m}[t]}}{k} \tag{6-12}$$

5) 专家权威度

专家权威度是用来衡量遴选出来专家在待评审论文所涉及的相关领域的权威程度。专家权威度越高，则表明遴选出来的专家越可能给出待评审论文较准确评述。针对第 k 篇待评审论文，推荐出的第 m 位专家的权威度计算公式为

$$AvgAuthority@k = \frac{\sum_{j=1}^{k} A_m^j}{k} \tag{6-13}$$

其中，A_m^j 表示针对第 j 篇论文推荐出来的第 m 位专家的权威度，由公式 (6-4) 计算得出。

6.3.2 实验分析

1) 融入时间因素的权威度建模方法的有效性验证

图 6-3 和图 6-4 为 TTAM 与 TAM 在主题特征和活跃度上的对比图。本实验选取三组待评审论文对不同方法进行测试，分别是待评审论文为 10 篇时 (k=10)、待评审论文为 30 篇时 (k=30) 与待评审论文为 50 篇时 (k=50)。并且，在对比实验中，为每一篇待评审论文遴选四位评审专家，即参数 m 的最大值为 4。两图的横坐标为排序 m 的专家，纵坐标分别为平均主题相关性和平均专家活跃度。由图 6-3 可以看出，只有在为第一组和第二组待评审论文推荐出的排序为 4 的专家的平均相关性要低于 TAM 算法，其余情况的相关性均优于 TAM 算法或与其相当。由图 6-4 可以看出，仅在为第一组待评审论文推荐出的排序为 2 的专家的平均活跃值要低于 TAM 算法，其余情况 TTAM 的表现均优于 TAM 算法。由此可见，在TAM 算法中融入了时间特征后能够很好地推荐出近几年活跃的专家，并使得这些专家在与待评审论文的主题相关性上没有明显的下降。

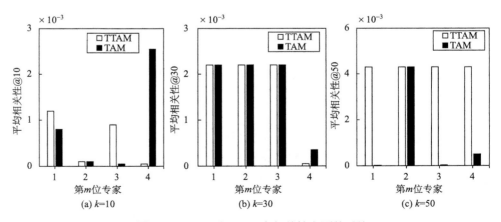

图 6-3   TTAM 和 TAM 在相关性方面的对比

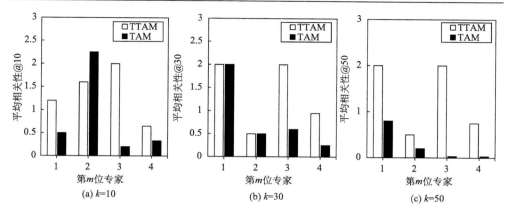

图 6-4　TTAM 和 TAM 在活跃度方面的对比

本章在权威度建模中引入了专家活跃度。一般情况下，近期发文量越多，则表明该专家近期越活跃，从侧面体现出该专家对该领域前沿问题的了解程度。但专家权威度并不能仅依靠活跃度一个因素来决定，还受其他因素的影响。例如，本研究已将专家的研究知识背景及论文被引关系融入到权威度的建模中，但还有其他方面因素如相关学术活动、项目、会议的参加也可能影响专家权威度，这些潜在的影响因素将在以后的工作中做出探讨。并且，不同学科可能存在其领域特殊性，这也可能对权威度产生影响。例如，本章选择了信息系统与管理方向的专家来做算法的测评，而不同学科领域的专家权威度评价标准可能存在差异，并体现在发文频率、主题聚集性和作者对论文贡献等多个方面。因此，关于专家权威度的建模也可借鉴经典文献计量方法中关于专家发表论文数据、论文被引情况和专家近期发文数据的分析。从而对不同学科的专家权威度进行评价时，可根据不同领域数据适当设置调整影响因子，以适合不同学科的特点。

2）CAUFER 的有效性验证

图 6-5～图 6-8 展示了 CAUFER 与 VSM 模型、LM 和 ATM 在平均相关性、平均主题覆盖度、平均语义距离和平均权威度等四个维度上的对比。从这四组图中可以看出，在几组实验中，利用 CAUFER 方法推荐出的专家在相关性、主题覆盖度、专家语义距离及权威度等方面均优于三个对比模型 VSM 模型、LM 模型和 ATM 所推荐出的专家。综上所述，与传统的模型相比较，本章提出的 CAUFER 方法能够在使得推荐出的专家与待评审论文的相匹配的前提下，相关领域的权威度有较明显的提高。

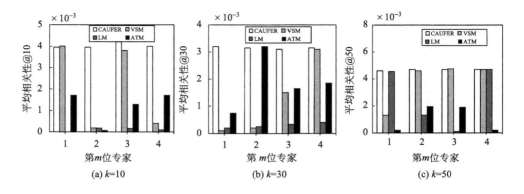

图 6-5　各模型在相关性上的对比图

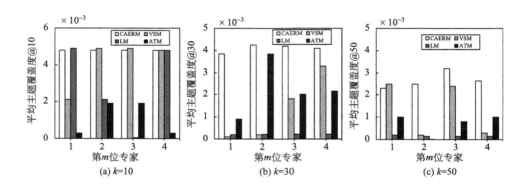

图 6-6　各模型在主题覆盖度上的对比

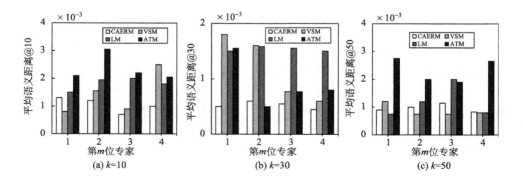

图 6-7　各模型在语义距离上的对比

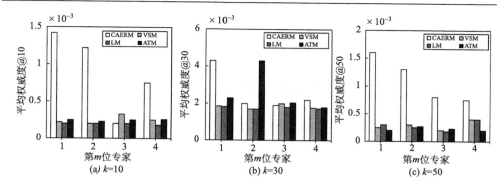

图 6-8　各模型在权威度上的对比

6.4　本章小结

　　本章从主题覆盖度与权威度两方面分析专家特征,并以此为依据遴选出合适的评审专家组。与许多相关的研究工作相比,本章不仅考虑专家引用网络的链接结构,还从专家所发表论文的时间方面来推断专家的活跃度,以更好地实现对专家权威度的建模。同时,本章还分析了专家知识和待评审论文涉及的多个研究主题,并引入专家知识与待评审论文主题的覆盖度来估计两者的匹配度。实验表明,与其他传统方法相比,本章所提出的算法能够推荐出与待评审论文具有较高相关度的专家,并能较好地追踪专家权威度的变化及刻画专家在特定主题下的权威度。

第7章 融合权威度和兴趣趋势因素的评审专家推荐

目前，在专家推荐领域，不少研究大都集中在专家与待评审论文研究主题相关性和专家权威度，而忽略了专家的兴趣，但专家的研究兴趣对专家的推荐有着重要影响，而且有关专家兴趣分析的文献大都没有把专家兴趣与专家研究主题和专家知识做出区分，也较少建立起客观的标准来衡量专家兴趣变化。因此，一个客观的关于专家兴趣识别方法显得尤为重要。

本章扩展了传统的基于相关性和权威度的专家推荐模型，提出了一种融合专家权威度和兴趣趋势的专家推荐模型 AITUM(authority and interest trend unification model)。该模型首先利用 AT 模型和 EM 算法估计出候选专家和待评审论文的主题分布。然后，考虑专家针对待评审论文的三方面的特征：相关性，指专家研究主题和待评审论文研究主题之间的语义相关性；权威度，指专家在待评审论文相关研究领域的认可程度；兴趣趋势，指专家对于特定主题下论文的审稿兴趣。最后，为平衡专家的这几个特征，本章将专家推荐问题建模成为整数优化问题，为待评审论文推荐出合适的评审专家。

7.1 研 究 框 架

在模型构建中，本章以专家已发表的论文为基础数据，对专家的知识、权威度和兴趣趋势进行研究，并通过以下四个步骤对评审专家进行遴选与推荐。具体流程如图 7-1 所示。

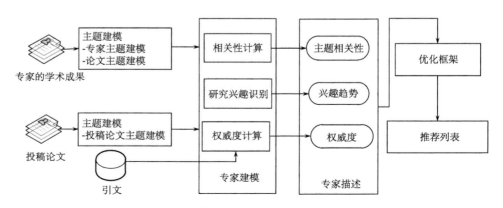

图 7-1 专家推荐过程

（1）数据采集。该部分包括两方面的工作：首先，获取专家已发表论文的文本内容，以此为依据分析专家研究主题；然后，通过专家已经发表论文的引用关系推断专家之间的引用关系，并引用关系生成专家引用网络。

（2）主题提取。分析候选专家库中专家知识、专家发表的单篇论文以及待评审论文的研究主题。

（3）专家特征建模与描述。为了保证审稿结果的科学性，推荐出来的专家要在待评审论文所涉及的主题中有一定的权威度及研究兴趣。因此，本部分主要对专家的权威度和研究兴趣进行建模，以衡量专家的科研能力以及审稿意愿。

（4）专家的分配与推荐。对于多篇待评审论文的专家推荐，既要保证不能把过多的论文同时分配给同一位专家，也要保证为每篇论文分配一定数目的特评审专家。因此，本章通过建立融合专家的权威度与兴趣趋势的优化框架获取专家推荐列表。

7.2　评审专家推荐模型

7.2.1　主题抽取

专家已发表的论文与待评审论文的研究主题是专家推荐的重要依据。因此，本章首先需要对专家知识与论文的研究主题进行建模。假设 r_i 为第 i 位候选专家，p_u^i 为 r_i 发表的第 u 篇论文，s_j 为第 j 篇待评审论文，且论文有 T 个研究主题。本章首先利用 AT 模型从语料中抽取出所蕴含的这些主题，并得到专家知识在 T 个主题上的概率分布 $\vec{r_i} = \left(\vec{r_i}[1], \vec{r_i}[2], \cdots, \vec{r_i}[T] \right)$。其中，$\vec{r_i}[t]$ 表示专家 r_i 与第 t 个主题的相关程度。对单一论文 p 的主题分布 $\vec{p}$ 可估计为

$$\vec{p} = \mathrm{argmax}_{\vec{p}} \prod_{i=1}^{w_p} \sum_{j=1}^{T} p\left(w_i \mid t_j \right) \vec{p}\left[t_j \right] \tag{7-1}$$

其中，w_p 指论文包含的词，$p\left(w_i \mid t_j \right)$ 指词 w_i 在主题 t_j 上的概率分布。然后，与 6.2.1 节相似，本章将利用 EM 算法估计论文 p 在 T 个主题上的概率分布 $\vec{p}$。其中论文 p 由 p_u^i 和 s_j 构成，p_u^i 和 s_j 分别表示为 $\vec{p_u^i} = \left(\vec{p_u^i}[1], \vec{p_u^i}[2], \cdots, \vec{p_u^i}[T] \right), u \in [1, v_i]$ 和 $\vec{s_j} = \left(\vec{s_j}[1], \vec{s_j}[2], \cdots, \vec{s_j}[T] \right)$。

7.2.2　待评审论文与候选专家的相关性建模

通常来说，所推荐的专家与待评审论文的研究主题需要具有较高的相关度。如前所述，待评审论文的主题分布与专家的主题分布分别用 $\vec{s}$ 和 $\vec{r}$ 表示。在本章的研究中将应用 KL 距离来计算 $\vec{s}$ 和 $\vec{r}$ 之间的语义距离，具体可表示为

$$D(\vec{s_j} \| \vec{r_i}) = \sum_{t=1}^{T} \vec{s_j}[t] \log \frac{\vec{s_j}[t]}{\vec{r_i}[t]}$$

$$(7\text{-}2)$$

需要注意的是，语义距离越小则表示两者的相关性越强。因此，待评审论文与候选专家的相关性可以标记为

$$R_{ij} = -D(\vec{s_j} \| \vec{r_i})$$

$$(7\text{-}3)$$

7.2.3　专家权威度建模

专家的权威度是其学术造诣的重要体现。在文章评审中，权威度高的专家更有可能识别待评审论文的价值，给出更专业的审稿意见。在经典的专家权威度测量中，专家的发文量、被引率以及 H 指数等指标往往是评价专家权威度要考虑的因素。然而，随着研究领域的不断细化，同一专家在领域内不同研究主题下表现出的权威度呈现出较大差异。因此，在进行专家推荐时，应考虑候选专家在不同主题下权威度的差异，本章从两个方面考虑专家权威度。

（1）如果专家被其他专家引用次数越多，则这位专家的权威度可能越大；如果专家被相同或相似研究主题下的专家引用次数越多，则表明在该主题下这位专家的权威度越大。

（2）如果专家被其他高权威度的专家引用，则这位专家的权威度可能越大；如果专家被相同或相似研究主题下的高权威专家所引用，则表明在该主题下，这位专家的权威度越大。

为建立专家权威度模型，本章首先根据论文引用关系建立引文网络 G，根据著者关系生成作者引用网络 $G=(R, E)$，如图 7-2 所示。

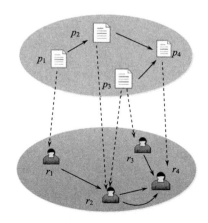

图 7-2　引用关系图

然后，在网络中应用随机游走算法，实现对专家在特定主题下权威度的建模。专家 r_i 对论文 s_j 的权威度 A_{ij} 可以通过以下公式进行估计：

$$A_{ij} \leftarrow a \sum_{q \in \text{ref}(r_i)} \left(w_q \times A_{ij} \times B(r_q \rightarrow r_i) \right) + (1-a) \frac{1}{N} \tag{7-4}$$

其中，$\text{ref}(r_i)$ 表示引用 r_i 论文的一组专家，N 为在 G 中结点的个数，即候选专家的个数，w_q 表示 $\text{ref}(r_i)$ 中第 q 个专家与待评审论文之间的主题相关性，为

$$w_q = \frac{\vec{r_q} \cdot \vec{s_j}}{\left\| \vec{r_q} \right\| \cdot \left\| \vec{s_j} \right\|} \tag{7-5}$$

公式 (7-4) 中的 $B(r_q \rightarrow r_i)$ 表示为

$$B(r_q \rightarrow r_i) = \frac{\text{out}(r_q \rightarrow r_i)}{\text{out}(r_q)} \tag{7-6}$$

其中，$\text{out}(r_q \rightarrow r_i)$ 表示专家 r_p 引用了多少次专家 r_i 的论文，而 $\text{out}(r_q)$ 表示 r_q 总共引用了多少次其他专家的论文。

7.2.4 专家兴趣趋势建模

通常一位专家的研究兴趣可能会随着时间发生一定的变化，若把待评审论文推荐给有相关研究兴趣的专家将提高审稿的效率和质量。例如，一位专家十年前的研究兴趣集中于文本挖掘，而随着时间的推移，该专家的研究兴趣转变为社会网络。那么，把"文本挖掘"相关的论文分配给该专家则不是一个合适的选择。在专家推荐时，应能够及时发现专家兴趣的变化，以保证将与专家当前研究兴趣一致的论文分配给该专家。关于这个问题，传统的方法是定义一个时间窗口，把近几年发表的论文作为该专家的研究兴趣。然而，如何来定义时间窗口的是一个很难解决的问题，如果时间窗口较小，则会带来数据稀疏的问题；如果时间窗口较大的话，则无法感知专家的兴趣变化，这在一定程度上影响了结果的科学性与准确性。因此，一个有效的确定专家兴趣的方法将保证待评审论文能送至有相关兴趣的专家。

通常专家研究兴趣能够直接由其特定主题下发表的论文及发文量体现，而专家在某主题下的发文量随时间的变化趋势也能反映其在该主题研究兴趣的强弱和趋势。因此，本章假设，在特定主题下，专家每发表一篇论文，则表示其对该领域有一定的研究兴趣。图 7-3 给出一个有关专家兴趣变化的例子。在两幅图中，横坐标是发文年份，纵坐标是在特定主题下的年发文数量。图 7-3(a) 是专家兴趣转移的一个例子，该专家由研究文本挖掘逐渐转移到研究社会网络领域。图 7-3(b) 是专家兴趣稳定性的一个例子，专家 A 与专家 B 都对该领域的研究兴趣有着上升

的趋势，但专家 A 较专家 B 的兴趣趋势波动性更小一些，趋势更稳定一些。在相关性和权威度的基础上，本章倾向推荐拥有平稳上升兴趣趋势的专家更适合对该领域的文章做出评审。因此，专家 A 更适合评审该主题下的相关论文。

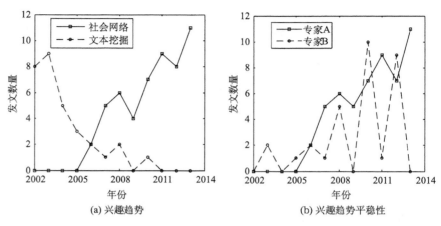

(a) 兴趣趋势   (b) 兴趣趋势平稳性

图 7-3　关于专家兴趣趋势与平稳性的实例

对于一篇特定的待评审论文，本章应用在时间序列分析领域中常用的趋势的方向 D_{ij} 和趋势的平稳性 Q_{ij} 等指标来分析专家兴趣趋势(Wei, 1994)。为计算这两个指标，首先要获取专家 r_i 针对待评审论文 s_j 的发表文章趋势序列 M_{ij}，下面分别详细介绍。

1)专家 r_i 针对待评审论文 s_j 的发表文章的趋势序列 M_{ij}

步骤 1　从 r_i 已发表的第 u 篇论文 p_u^i 中提取 T 个主题，得到主题向量 $\overrightarrow{p_u^i}$。按权重的大小，对各个主题在 p_u^i 所占的比重排序，取权重最大的 N 个主题表示论文的研究内容。

步骤 2　把 r_i 所有发表的论文按步骤 1 进行主题挖掘，并按 T 个主题进行归类。然后，得到 $C_T^n = \left\{ C_1^n, C_2^n, \cdots, C_T^n \right\}$。

步骤 3　分析待评审论文 s_j 的主题分布，得到向量 $\overrightarrow{s_j}$。按主题权重大小对各个主题在 s_j 中所占的比重排序，取权重最大的 N 个主题来代表该 s_j 的研究内容。然后，依据这些主题提取 C_T^n 中的相应类目下的论文，找出与 s_j 相关的 N 个主题下 r_i 所发表的所有论文。

步骤 4　将步骤 3 中取得的论文按其发表时间进行分布，形成 r_i 趋势序列 M_{ij}。

2)针对待评审论文 s_j，专家 r_i 的趋势方向 D_{ij}

本章利用待评审论文与发文时间的线性关系来探讨其发文趋势的方向。对于一篇特定的待评审论文 s_j，本章用最小二乘法去线性拟合专家发文量与发文时间的关系，然后获取拟合曲线的斜率。如果斜率大于 0，则表示专家兴趣趋势为上升，即 D_{ij} 为正数；反之，则表示专家兴趣趋势为下降，对该主题下的研究论文审稿意愿相对较低，即 D_{ij} 为负数。

3）专家趋势的平稳性 Q_{ij}

本章依靠发文序列的标准差和均值来表示其变化趋势，并引入变异系数来定量计算观测专家兴趣趋势的平稳性（Abdi，2010）。变异系数越小，则专家兴趣稳定。变异系数可定义为

$$V_{ij} = \frac{\mathrm{sd}(M_{ij})}{\mathrm{mean}(M_{ij})} \tag{7-7}$$

M_{ij} 的稳定性可表示为

$$Q_{ij} = e^{-\eta V_{ij}} \tag{7-8}$$

其中，η 为控制因子，表示 V_{ij} 的稳定性所占的权重。

一般地，对于一位兴趣趋势下降或者不平稳的专家来说，兴趣趋势上升或者平稳的专家应该给矛更高的权重来评审相关的论文。因此，本章把研究兴趣定义为

$$I_{ij} = D_{ij} \times Q_{ij} \tag{7-9}$$

为更直观地说明研究兴趣的定义，图 7-4 介绍了一个较直观的例子。其中，

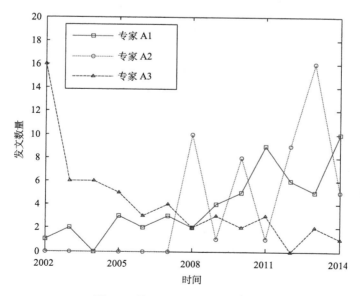

图 7-4　关于专家兴趣趋势的实例

A1，A2 和 A3 是三位候选评审专家。如图所示，A1 和 A2 的兴趣趋势较明显上升，而 A3 的兴趣趋势较明显下降。相较于评审专家 A2，A1 的兴趣趋势更加稳定一些。根据公式(7-9)的定义，A1 的兴趣趋势为 1.34，A2 的兴趣趋势为 0.71，A3 的兴趣值为–1.06。

7.2.5　评审专家推荐模型

通常来说，编辑可能会同时收到多篇待评审论文，并同时需要为这些论文寻找合适的评审专家。这既要保证为每篇待评审论文所分配的专家组的审稿兴趣和权威度达到最佳，也要避免把过多的论文分配给同一位专家。为此，本章将此问题视为一个多约束条件下的分配优化问题，以保证其既能满足约束限制，又能得到最佳的推荐结果。优化模型如下所示：

$$\max \left\{ \lambda_1 \sum_{i=1}^{n}\sum_{j=1}^{m} A_{ij} X_{ij} + \lambda_2 \sum_{i=1}^{n}\sum_{j=1}^{m} I_{ij} X_{ij} + \lambda_3 \sum_{i=1}^{n}\sum_{j=1}^{m} R_{ij} X_{ij} \right\}, \quad \sum_{j=1}^{m} X_{ij} = N_{R_i}, \forall i \in [1,n]$$

(7-10)

$$\text{s.t.} \quad \sum_{j=1}^{n} X_{ij} = N_{s_j}, \forall j \in [1,m]$$

其中，$X_{ij} \in \{0,1\}, \forall i \in [1,n], \forall j \in [1,m]$；$\lambda_1, \lambda_2, \lambda_3 \in (0,1)$ 为缩放因子，表示平衡相关性、权威度和兴趣趋势在推荐过程中所起的重要程度。A_{ij} 为归一化的候选专家 r_i 对待评审论文 s_j 的权威度；I_{ij} 为归一化的候选专家 r_i 对待评审论文 s_j 的兴趣度；R_{ij} 表示候选专家 r_i 与待评审论文 s_j 的语义相关性。N_{R_i} 表示专家 r_i 在同一时间最多能接受的待评审论文数量；N_{s_j} 表示待评审论文 s_j 需要审稿人的数量。

7.3　实验设计与分析

通常来说，对于评审专家推荐的问题，很难去构建一个标注的数据集去评测算法的有效性。这使得研究人员不能用传统的准确率和召回率去评价算法的有效性。一些研究人员尝试从需求入手去探讨这个问题。例如，Liu 等认为评价一位专家是否适合待评审论文应从相关性、权威度和研究背景去讨论(Liu, 2014)。为此，他们设计了一个整合框架来整合三个因素。在评价过程中，他们又从需求出发，设计了相关性、权威度和研究背景多样性三个指标，并同其他的传统推荐模型相比较。根据此种思路，本章也采用类似的方法对模型进行评测。因此，本节将围绕相关性、兴趣趋势和权威度三个指标，并将所提出模型与经典模型做比较分析。

7.3.1　对比模型

本章引入了向量空间(VSM)模型、语言模型(LM)、AT 模型作为对比模型，以分析所提出方法的可靠性。

1)VSM 模型

VSM 模型常用于度量两个向量的相关性。对于专家推荐问题，VSM 模型可以用于测量待评审论文和候选专家的相关性。

2)语言模型 LM

语言模型是信息检索中常用的模型。对于评审专家推荐的问题，语言模型可以在给定待评审论文的情况下，按语义相关性对候选评审专家进行排序，可以表示为

$$p(q|r_i) = \prod_{t \in q}((1-\lambda)\,p(t\,|\,d) + \lambda\,p(t))^{n(t,q)} \tag{7-11}$$

其中，q 是待评审论文，r_i 表示候选评审专家，变量 d 是候选专家所有发表的论文。

3)AT 模型

AT 模型是一种专家推荐领域常用的非监督式学习算法。对于给定的一篇待评审论文，专家排序表示为

$$p(a_i\,|\,W) = \prod_{w_q \in W} \sum_{t_j \in T} p(a_i\,|\,t_j)\,p(t_j\,|\,w_q) \tag{7-12}$$

其中，a_i 表示候选评审专家，W 表示待评审论文，w_q 指 W 中的第 q 个单词，t_j 是 AT 模型在语料库中抽取的一系列主题。$p(a_i|t_j)$ 是 a_i 与第 j 个主题的相关性概率，$p(t_j|w_q)$ 表示第 q 个单语属于主题 t_j 的概率。

7.3.2　实验过程及评价标准

实验将在相关性、权威度和兴趣度三个维度上对推荐效果进行定量对比和分析。

1)相关性

待评审论文的研究内容与推荐专家知识的相关性是推荐专家的一个重要依据。本章利用 KL 距离来测量相关性，具体的距离值为

$$D(\vec{s_j}\,\|\,\vec{r_i}) = \sum_{t=1}^{T} \vec{s_j}[t] \log \frac{\vec{s_j}[t]}{\vec{r_i}[t]} \tag{7-13}$$

其中，$\vec{r_i}$ 指专家 r_i 的知识在 T 个主题上的分布，$\vec{s_j}$ 指待评审论文 s_j 的主题分布。根据 KL 距离，可计算 k 篇论文待审稿时的相关性，其计算公式为

$$\text{Distance}@k = \frac{\sum_{j=1}^{k}\sum_{i=1}^{a}D(\vec{s_j} \parallel \vec{r_i})}{k \times a} \tag{7-14}$$

其中，k 表示投稿的数量，a 表示一篇待评审论文需要评审专家的数量。

2）权威度

本章引入了专家的权威度，旨在使推荐出来的专家权威度较高，且更能给予待评审论文公平、科学的评审意见。基于这种考虑，本章提出了权威度测量指标，计算公式如下：

$$\text{Authority}@k = \frac{\sum_{j=1}^{k}\sum_{i=1}^{a}A_{ij}}{k \times a} \tag{7-15}$$

其中，A_{ij} 表示专家 r_i 针对待评审论文 s_j 的权威度，k 与 a 的含义与公式(7-14)一致。

3）兴趣度

本章在推荐算法中融入了兴趣趋势维度，旨在使推荐出来的专家对待评审论文均有一定的审稿意愿。因此，本章引入兴趣度的评价指标：

$$\text{Interest}@k = \frac{\sum_{j=1}^{k}\sum_{i=1}^{a}I_{ij}}{k \times a} \tag{7-16}$$

其中，I_{ij} 指专家 r_i 对待评审论文 s_j 的审稿兴趣，k 与 a 的含义与公式(7-14)一致。

7.3.3　实验结果及分析

本章将在 3.1.1 节所介绍的万方数据集和 ArnetMiner 数据集中调整三个参数 k、N_{s_j} 和 N_{r_i} 来分析本章所提出的算法。并且，本章也将在几个指标上和其他三个方法做出比较，以证明提出方法的有效性。在下面的实验中，评审专家的三个方面将设置为同等的重要性，即 λ_1、λ_2 和 λ_3 都为 1。同时，与权威度相关的参数 a 设置为 0.85，与兴趣趋势相关的参数 η 设置为 1。

图 7-5 展示了各方法在测试数据万方数据集和 ArnetMiner 数据集有关语义距离的不同。图中横坐标代表待评审论文的数量，纵坐标代表在不同投稿数量下的语义距离。在本次实验中，一篇待评审论文需要邀请 4 位评审专家，且每位评审专家最多能够审稿 4 篇论文。

图 7-6 展示了本章提出的方法与其他三种方法在兴趣趋势上的对比。从图中可以看出，本章所提出的方法要优于其他三种对比方法。本章在相关性的基础上融入了兴趣趋势因素，并由结果可以看出，所提出的方法在相关性未减少的情况下，兴趣趋势因素得到了提高。

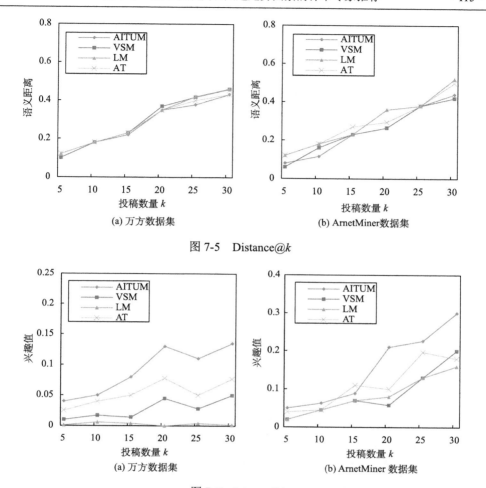

图 7-5　Distance@k

图 7-6　Interest@k

图 7-7 展示了四种方法在权威度维度上的对比。如图所示，本章提出的方法在权威度值上要优于其他三种对比方法。

在本次实验中，分析并展示了所提出算法在万方和 ArnetMiner 数据集上的对比效果。结果显示，与其他三个对比模型相比，本章所提出的模型在兴趣值和权威度值都要高，同时在相关性指标上也有逐渐增长的趋势。可以推断出，与 VSM 模型、语言模型和 AT 模型相对比，提出的模型能够保证在相关性不降低的情况下，兴趣值和权威度值有一定提高。

同时，本章还评测了专家审稿负担以及论文所需求的评审专家数量对模型效果的影响，即变量 N_{s_j} 和 N_{r_i} 的影响。图 7-8 表示 N_{s_j} 对算法的影响。在本次实验中，本章设置待评审论文为 30 篇，平均每一篇待评审论文需要 4 位评审专家。与上述实验所呈现的现象一样。相较于 VSM 模型、语言模型和 AT 模型，提出的模型在语义距离、兴趣值和权威度方面有明显提高。因此，可以得出，提出的方法的推荐效果受到 N_{s_j} 变量的变化影响较小。图 7-9 展示了专家审稿负担 N_{r_i} 对算法的影响。与图 7-8 相似，提出的模型在相关性、兴趣趋势和权威度并未出现明显下降。由此，提出方法的推荐效果受 N_{r_i} 变量变化的影响也相对较小。

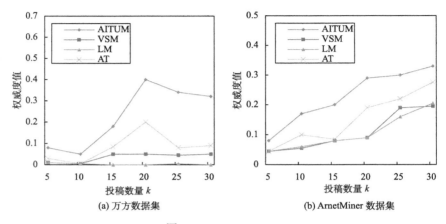

图 7-7　Authority@k

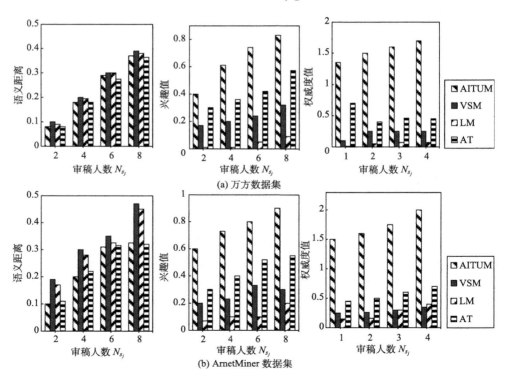

图 7-8　不同数量的评审专家下的算法比较

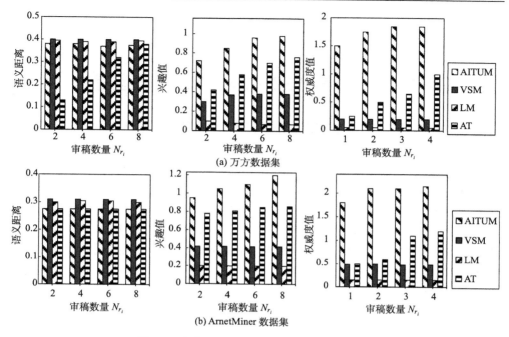

图 7-9　专家的不同审稿工作量下的算法对比

本章提出的方法与其他方法最大的不同点就是融入了专家兴趣趋势这一影响因素。在其他方法中，待评审论文与候选专家的相关性和专家的权威度为最主要的关注点，忽略了兴趣趋势的重要性，并且从实验结果也可以看出所有的对比算法都忽略了兴趣趋势。综合上述分析可知，本章所提出的专家建模方法在相关性和权威度并没有明显下降情况下，提高了推荐专家的兴趣趋势，取得了较好效果。

7.4　本 章 小 结

本章从兴趣趋势和权威度两个维度对专家特征进行建模，并设计优化框架来针对多待评审论文情况下的专家推荐。相比已有的工作，本章把专家兴趣趋势融入到专家的建模过程中，识别专家的兴趣演化趋势，挖掘出专家对待评审论文的兴趣程度，提高了推荐结果的合理性。实验结果证明，该算法相比基于相关性的推荐算法更能够为待评审论文匹配出合适的评审专家，具有一定的实用性。

第 8 章　基于 AST 模型的专家兴趣建模

主题模型能够将文本内容用一系列主题的概率分布进行表示，因此可以利用这种方式来方便地对专家的研究兴趣进行建模。但是，传统的主题模型如 LDA 模型、AT 模型中大都只利用到了专家的文本信息。作者注意到在主流学术网络数据库中其中的作者或者其论文信息都被打上相应的学科标签信息，如万方数据库或者 WoS 核心集合等。这些学科标签在某种程度上反映了专家所属研究领域或者研究兴趣。本章将专家的学科标签收集起来，并对传统的 AT 模型进行扩展，以便更好地实现对专家兴趣的建模，最终利用构造好的专家研究兴趣模型进行相关的推荐工作。

本章构造了一种名为 AST（author subject topic）的主题模型。AST 模型引入主流学术网络数据库中专家的学科标签，形成了一个潜在监督的学科层，以更好地揭示专家的研究兴趣。该学科层用来描述专家与文档之间的相关学科信息，挖掘不同主题之间的潜在关系，提升主题中词项语义的相关性。

8.1　AST 模型

8.1.1　AST 模型基本思想

在 AST 模型中，主题层在学科层的监督下产生。AST 形成了一个三层的主题模型，即作者为学科层次，学科为主题层次，主题为词项层次，最后利用构造的三层主题模型进行推荐。其中，学科层次起到了对不同文档聚类的作用，并可以提升主题层次中词项的语义一致性。

与 ACT 模型和 LIT 模型中每一篇文档仅有一个类别标签不同，AST 考虑到一篇文献可能涵盖多个不同的学科领域，因此每篇文档都有一系列的学科分布而非单一的一个类标签。具体来说，在 AST 模型中，专家的研究兴趣定义为一个层次结构，并由三个矩阵来表示：ψ 为专家对学科的映射矩阵，含义是每个专家由学科标签的一系列狄利克雷多项式分布来表示；θ 为学科对主题的映射矩阵，含义是每个学科标签由主题的一系列狄利克雷多项式分布来表示；φ 为主题对词项的映射矩阵，含义是每个隐含主题由词项的一系列狄利克雷多项式分布来表示。以上三个矩阵构成了专家的研究兴趣模型。

在本章中，论文评审专家的推荐工作可以定义为一个相关性检索任务

（Robertson, 1977），即给出一篇待评审的文献，论文评审专家根据与论文的相匹配程度降序排序。基于贝叶斯定理，推荐公式可以定义为 $p(e|t) = \dfrac{p(e)p(t|e)}{p(t)}$，其中，$e$ 表示候选专家，t 表示待评测的文献，可用词袋模型来表示为 $w^{(t)} = (w_1, \cdots, w_n)$。

8.1.2　产生式概率模型

通常认为，一个学科体系是结构化的树状结构。在该树状结构中，一些较为宽泛的概念在结构的上层部分，而一些较为具体的概念则存在于结构的底层部分。上述思想也可以用在专家研究兴趣的建立上，即通过获得一个专家的学科标签信息，并利用标签信息形成专家研究兴趣的上层部分，在学科层次下面，由一系列的主题来对学科进行解释。实际上，由于学科信息广泛存在于不同的学术网络数据库中，因此将学科信息引入专家兴趣建模中是合理且有实际应用价值的。

本章对 AT 模型进行了扩展，构造了 AST 模型。图 8-1 是 AST 模型的图模型表示，表 8-1 是模型中必要的参数解释。

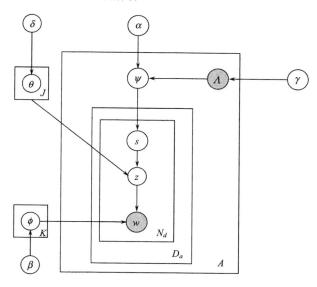

图 8-1　AST 模型的图模型表示

表 8-1　主题模型符号参数解释

符号	解释
α, β, δ	Dirichlet 分布的超参数
γ	Bernoulli 分布的超参数

符号	解释
Da	专家 a 文档总数
N_d	文档 D 中词总数
s, z, w	学科 subject, 主题 topic, 字 word
J	学科数目
K	主题数目
A	专家数目
θ	表示学科对主题分布的 $J*K$ 维矩阵
φ	表示主题对词分布的 $K*V$ 维矩阵
ψ	表示专家对学科分布的 $A*J$ 维矩阵
Λ	学科是否隶属于专家 A 的标识矩阵
$L^{(a)}$	学科投影矩阵
x_i	文档 D 中第 i 个词所对应的专家

AT 模型的图模型表示可参见图 2-4。与 AT 模型不同，AST 将监督的学科层次引入到模型中，并且其学科信息可以做到在整个数据集中共享。同时，与非监督的主题模型如 APT 模型或者 LIT 模型之中的隐含层次不同，AST 之中利用到的学科标签由于一般是各个数据库中的编辑人工添加上，因此其含义更加精确，客观上也需要更少的训练次数和较短时间便可以达到收敛。

AST 的产生过程如下所示：

(1) 对于每个主题 $k \in \{1, \cdots, K\}$：

生成 $\varphi_k \sim \text{Dir}(\cdot|\beta)$

(2) 对于每个学科 $j \in \{1, \cdots, J\}$：

生成 $\theta_j \sim \text{Dir}(\cdot|\delta)$

(3) 对于每个专家 $a \in \{1, \cdots, A\}$，对于每个学科 $j \in \{1, \cdots, J\}$：

生成 $\Lambda^{(a)}j \in \{0,1\} \sim \text{Bernoulli}(\cdot|\gamma_j)$

生成 $\alpha^{(a)} = L^{(a)} * \alpha$

生成 $\psi^{(a)} \sim \text{Dir}(\cdot|\alpha^{(a)})$

(4) 对于每个文档 $d \in \{1, \cdots, D\}$，对于每个词 $i \in \{1, \cdots, N\}$：

生成 $s_i \sim \text{Mult}(\cdot|\psi^{(a)})$

生成 $z_i \sim \text{Mult}(\cdot|\theta_{s_i})$

生成 $w_i \sim \text{Mult}(\cdot|\varphi_{z_i})$

在 AST 模型中，一篇文档可以经过上述过程产生出来。首先，专家从自身的主题分布中随机挑选出一个主题来(参见过程(4))。同时，为了得到专家的学科分布，采用论文（Ramage, 2009）中的方式，作者的学科标签向量 $\Lambda(a)$ 之中的每一个标签 s 从先验伯努利分布 γ 之中产生（参见过程（3））。然后，可以定义一个专家对学科的投影矩阵 $L(a)$。其中，矩阵的每一行表示专家其中的一个学科标签。比如，假设整个数据集合中共有四个学科存在，而其中专家 a 的 $\Lambda(a)=\{0,1,1,0\}$，这也就意味着 a 感兴趣的学科领域只有 2 和 3。因此，专家 a 的投影矩阵 $L(a)$ 可以表示为 $\begin{pmatrix} 0 & 1 & 0 & 0 \\ 0 & 0 & 1 & 0 \end{pmatrix}$。这样，概率分布 $\psi(a)$ 便可以在学科层次上表示专家 a 的研究兴趣。接着，每一个主题从关联学科的主题分布中随机产生（参见过程（4）），最后，每一个词项从关联的主题的词项分布中产生。以上步骤迭代循环，最终一篇文档产生出来。核心代码如附录 2 所示。

8.1.3　AST 模型参数估计

在利用 AST 模型进行专家兴趣建模的过程中，学科层和主题层都是隐含的语义层次。超参数 α、β、γ 既可以根据人工经验的方式设置，也可以利用机器学习的方式如狄利克雷过程学习得到。最后，需要估计的是三组参数：①作者 a 关于学科 s 的狄利克雷多项式分布 ψ；②学科 s 关于主题 t 的狄利克雷多项式分布 θ；③主题 t 关于词项 w 的狄利克雷多项式分布 Φ。

首先，获得 AST 模型的完整概率分布：

$$
\begin{aligned}
p\big(w,s,z,\phi,\varphi,\Psi|\alpha,\beta,\delta,\Lambda,\gamma\big) &= p\big(w,\phi|z,\beta\big) p\big(z,\theta|s,\delta\big) p\big(s,\Psi|a,\Lambda,\gamma\big) \\
&= \prod_a^A p\big(\Psi_a|a,\Lambda,\gamma\big) \\
&\times \prod_d^{D_a} \prod_{d_i}^{N_{d_i}} p\big(w_{d_i}|z_{d_i},\phi_{z_{d_i}}\big) p\big(z_{d_i}|s_{d_i},\theta_{d_i}\big) p\big(s_{d_i}|\Psi_a\big) \\
&\times \prod_j^J p\big(\theta_j|\delta\big) \prod_k^K p\big(\phi_k|\beta\big)
\end{aligned}
\tag{8-1}
$$

为了方便参数求解，需要将参数 ψ，θ，ϕ 三个连续型变量进行积分，使其不出现在后期采样的联合概率中。以 Φ 为例，其中

$$
p\big(\vec{w}|\vec{z},\Phi\big) = \prod_k \prod_t \phi_{k,t}^{n_k^{(t)}}
\tag{8-2}
$$

式中，$n_k^{(t)}$ 表示词项 t 在主题 k 中出现的次数。基于公式（8-2），可得

$$p\left(\vec{w}\,|\,\vec{z},\vec{\beta}\right) = \int p\left(\vec{w}\,|\,\vec{z},\varPhi\right)p\left(\varPhi\,|\,\vec{\beta}\right)\mathrm{d}\varPhi$$

$$= \int \prod_{z=1}^{K} \frac{1}{\Delta\left(\vec{\beta}\right)} \prod_{t=1}^{V} \phi_{z,t}^{n_z^{(t)}+\beta_t-1} \mathrm{d}\vec{\phi}_z \tag{8-3}$$

$$= \prod_{z=1}^{K} \frac{\Delta\left(\overrightarrow{n_z}+\vec{\beta}\right)}{\Delta\left(\vec{\beta}\right)}$$

其中，$\overrightarrow{n_z} = \left\{n_z^{(t)}\right\}_{t=1}^{V}$。

利用公式(8-3)，可将 $\varPhi$ 通过积分方式消去，另外两个参数消去的方式与之类似。同时，因为 $\varLambda$ 在模型中是已知的，根据贝叶斯推断的基本定理，γ 与模型中的其他部分形成了"D-分离"(d-separation)(Jordan, 2004)，即 γ 与模型中的其他部分是相互独立的，并不在参数估计中起作用。同时，α 受到 $\varLambda$ 的约束形成 α^a，因此对于每一篇文档，考虑到独立性原则，实际上形成如下联合概率：

$$p(w,s,z\,|\,\alpha,\beta,\delta,\varLambda,\gamma)$$
$$= \iint p\left(s,\varPsi\,|\,\alpha,\varLambda,\gamma\right)\mathrm{d}\varPsi\, p(z,\theta\,|\,s,\delta)\mathrm{d}\theta\, p(w,\phi\,|\,z,\beta) \tag{8-4}$$

由于词项 w 是已知的，需要求解的条件概率分布为 $p(s_{\mathrm{adi}}|s_{\mathrm{-adi}},\alpha,\varLambda,\gamma,z)$ 和概率分布 $p(z_{\mathrm{adi}}|z_{\mathrm{-adi}},w,s,\beta,\delta)$。在 AST 模型中，假设 $s_{\mathrm{adi}}=j$，则

$$
\begin{aligned}
p(s_{\mathrm{adi}}=j\,|\,s_{-\mathrm{adi}},z) \quad &\propto \quad \frac{p(s,z)}{p\left(s_{-\mathrm{adi}},z_{-\mathrm{adi}}\right)} \\
&= \frac{p(s)\,p(z\,|\,s)}{p\left(s_{-\mathrm{adi}}\right)p\left(z_{-\mathrm{adi}}\,|\,s_{-\mathrm{adi}}\right)} \\
&= \frac{\Delta\left(n_a+\alpha\right)}{\Delta\left(n_{a,-\mathrm{adi}}+\alpha\right)} \cdot \frac{\Delta\left(n_j+\delta\right)}{\Delta\left(n_{j,-\mathrm{adi}}+\delta\right)} \\
&= \frac{n_{a,-\mathrm{adi}}^{j}+\alpha}{\sum_{j}^{J}\left(n_{a,-\mathrm{adi}}^{j}+\alpha\right)} \cdot \frac{n_{j,-\mathrm{adi}}^{k}+\delta}{\sum_{k}^{K}\left(n_{j,-\mathrm{adi}}^{k}+\delta\right)}
\end{aligned}
\tag{8-5}
$$

其中，s_{adi} 表示作者 a 的第 d 篇文档的第 i 个词项的学科，$n_{a,-\mathrm{adi}}^{j}$ 表示除去第 d 篇文档的第 i 个词项后，作者 a 的文档中共包含学科数 j。$n_{j,-\mathrm{adi}}^{k}$ 表示除去作者 a 的第 d 篇文档的第 i 个词项后，学科 j 中包含多个主题 k。

与上述求解过程类似，在求解第二个条件概率时，假设 $z_{\mathrm{adi}}=k$，则

$$p(z_{\text{adi}} = k \mid z_{-\text{adi}}, w, s = j) \quad \propto \quad \frac{p(w, z)}{p(w_{-\text{adi}}, z_{-\text{adi}})}$$

$$= \frac{p(z)\, p(w \mid z)}{p(z_{-\text{adi}})\, p(w_{-\text{adi}} \mid z_{-\text{adi}})}$$

$$= \frac{\Delta(n_j + \delta)}{\Delta(n_{j,-\text{adi}} + \delta)} \cdot \frac{\Delta(n_k + \beta)}{\Delta(n_{k,-\text{adi}} + \beta)} \tag{8-6}$$

$$= \frac{n_{k,-\text{adi}}^{v} + \beta}{\sum_v^V \left(n_{k,-\text{adi}}^{v} + \beta\right)} \cdot \frac{n_{j,-\text{adi}}^{k} + \delta}{\sum_k^K \left(n_{j,-\text{adi}}^{k} + \delta\right)}$$

其中，$n_{k,-\text{adi}}^{v}$ 表示主题 k 中共包含的词项 v 的个数，除去作者 a 的第 d 篇文档的第 i 个词项，$n_{j,-\text{adi}}^{v}$ 表示学科 j 中共包含的主题 k 的个数，除去作者 a 的第 d 篇文档的第 i 个词项。最后，根据狄利克雷对多项式共轭分布原则，求得的参数解为

$$\Psi_{a,s} = \frac{n_a^{(s)} + \alpha}{\sum_{s=1}^S n_a^{(s)} + S\alpha}, \quad \theta_{s,k} = \frac{n_s^{(k)} + \delta}{\sum_{k=1}^K n_s^{(k)} + K\delta}, \quad \phi_{k,v} = \frac{n_k^{(v)}}{\sum_{v=1}^V n_k^{(v)} + V\beta} \tag{8-7}$$

8.2　实验和讨论

8.2.1　数据集特点

本章选用 3.1.1 节介绍的有关信息系统与管理学科的万方数据集，发现该学科中的专家有较为广泛的研究兴趣。在万方数据库中，专家较粗粒度的研究兴趣可以通过数据库中专家首页的学科标签等信息了解，如图 8-2 所示。可以看到，专家 e1 和专家 e2 都有一个较为广泛的研究兴趣。表 8-2 显示了数据集合中前 10 的研究热点词和前 10 的学科情况。从表中可以观察到如工业技术、司法学，经济等都有出现。因此，不管从专家个人的微观统计上，还是从整个数据集合上的宏观上来说，信息系统与管理这个专业都可以很好地体现出当前的跨领域学术研究的趋势。

在后续的专家兴趣建模实验中，本章随机挑选了 500 位学科标签大于 5 的专家作为专家库中的候选专家。同时选用 NLPIR 对论文的摘要进行分词和做词性标注。在本实验中，本章只利用名词（n），形容词（a）和名动词（vn）。同时，为了减少噪音干扰，提高词项的共现度，本章选取的词项的词频都大于等于 5。最终，测试数据集合中包含 601 个不同的学科标签和 15,533 个唯一的词项。为了测试 AST 模型的性能，本实验利用 AT 模型作为基准模型。

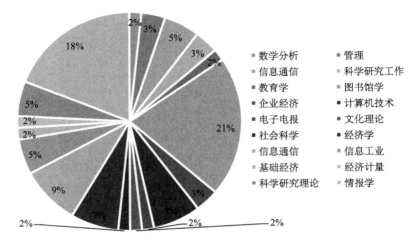

图例：

■ 数学分析	■ 管理
■ 信息通信	■ 科学研究工作
■ 教育学	■ 图书馆学
■ 企业经济	■ 计算机技术
■ 电子电报	■ 文化理论
■ 社会科学	■ 经济学
■ 信息通信	■ 信息工业
■ 基础经济	■ 经济计量
■ 科学研究理论	■ 情报学

(a) 专家e1

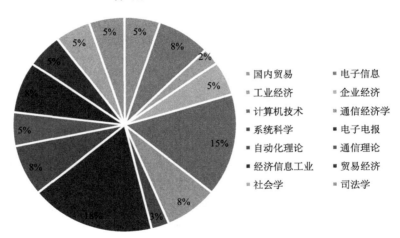

■ 国内贸易	■ 电子信息
■ 工业经济	■ 企业经济
■ 计算机技术	■ 通信经济学
■ 系统科学	■ 电子电报
■ 自动化理论	■ 通信理论
■ 经济信息工业	■ 贸易经济
■ 社会学	■ 司法学

(b) 专家e2

图 8-2　专家 e1 和 e2 的学科分布

表 8-2　数据集合中学科热点统计

研究热点（前 10）	学科（前 10）
数据挖掘	工业技术
遗传算法	医药卫生
电子商务	经济
供应链	文化、科学、教育、体育
知识管理	数理科学和化学
AHP	环境科学

续表

研究热点(前 10)	学科(前 10)
仿真	农业科学
本体	计算技术, 计算机技术
数据仓库	临床医学
Web 服务	军事

8.2.2　模型评测

为了评测专家兴趣建模效果，本章利用混杂度(perplexity)作为评测指标。混杂度是一种信息论的测量方法，是常用来预测模型对测试语料建模能力好坏的一个指标。即模型通过一部分的数据进行训练后，对剩余的部分数据预测能力的好坏。直观上来说，可理解为似然的大小(Li, 2011; Blei, 2007)。在主题模型中，混杂度值越低，表明模型的能力越好。本章可以根据如下的公式计算在测试集合上混杂度的值：

$$\text{perplexity} = \exp\left\{-\frac{\sum_d \log(p(w_d \mid a_d))}{\sum_d N_d}\right\} \tag{8-8}$$

其中，N_d 表示测试集中的词项数量，$p(w_d|a_d)$ 表示测试集合中的词项 w_d 的似然概率。本章从数据集合中随机选出 10% 的词项作为测试集合，剩下的作为训练集合。这样，测试集合和训练集合可以理解为独立同分布。因此，模型便可以在训练集合上进行训练并在测试集合上进行模型的测试。简单起见，AST 模型的超参数 α，β 和 δ 可以根据经验设置为 50/K，0.01，0.01。为了对比模型的效果，本章将 AT 模型作为评测的对比对象，其中，AT 模型的超参数 α 和 β 可以设置为 50/K 和 0.01。AST 和 AT 模型都在一台 Core i5 3.20GHz 处理器的机器上各进行 1000 次迭代循环。由于 AST 模型中的学科层次是监督的，因此本章不需要预先设置，而 AST 和 AT 模型的主题层设置的主题数从 50 到 500。

图 8-3 是不同模型在不同主题数下的混杂度值。从图中可以发现，随着主题数目的逐渐增加，不同模型中的混杂度的数值都是逐渐下降并最后在主题数为 450 时开始收敛到一个相对稳定的数值上来。因此，本章可以将不同模型的主题数值设置为 450。同时可以看出，AST 模型混杂度的值明显低于 AT 模型，这表明在数据集合中，AST 对专家研究兴趣的建模能力要优于 AT 模型。这是因为 AST 模型的学科层作为一个受监督的层次，在学习过程中，精确度要高于非监督的层次。同时，由于学科层考虑文档间的相似度，因此可以提升主题中词项语义的一致性，更好地实现对专家研究兴趣的建模。

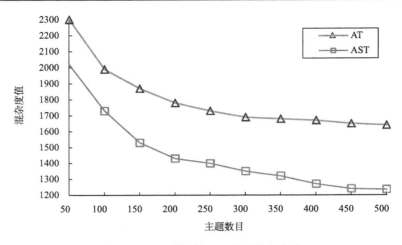

图 8-3　AST 模型与 AT 模型的混杂度

8.2.3　挖掘主题展示

本章随机选取了 AST 模型挖掘的四个学科信息作为示例。这四个学科分别是计算机科学与技术、情报学、管理学和临床医学。同时，每一个学科选取前 6 个主题，每一个主题选取前 8 个单词作为展示内容。如表 8-3~表 8-5 所示。表 8-3 中学科#358——计算机科学与技术这个学科，可以发现展示的这 6 个主题都是与计算机科学与技术这一学科高度相关的，每一个主题都描述了这一学科的某一方面。比如，主题#389 描述了模型与算法的方面，主题#229 描述了系统应用的某些方面，主题#234 描述了计算机程序设计的某些方面。其他三个学科也与上面所举的学科情况类似。

表 8-3　学科 #358

学科 #358(计算机科学与技术)	
主题#389	模型，验证，计算，数学模型，计算方法，约束，预测，矩阵
主题#90	仿真，算法，网络，优化，模拟，原型系统，可扩展性，启发式算法
主题#234	设计，软件，程序，核心，编程，图形，系统设计，自动化
主题#229	系统，实现，应用，开发，体系结构，数据库，用户，面向对象
主题#222	信息系统，应用前景，预测方法，评价指标，约束条件，语义，有效性，结构
主题#365	知识，描述，流程，架构，互联网，决策支持系统，数据仓库，解决方案

表 8-4　学科 #574

学科 #574 (情报学)	
主题#32	本体，文本，语义，信息，术语，话题跟踪，元数据模型，信息共享
主题#21	文档，主题，个性化推荐，拓扑结构，标签，搜索引擎，转换规则，元数据
主题#188	样本，分类，比较分析，人工智能，比较，实验，优化，识别
主题#329	用户，特征，推荐，用户需求，信息安全，知识网络，语义相似度，分类器
主题#33	文本，识别，测试，语料，汉语，聚类，抽取，标注
主题#289	实验结果，支持向量机，理论分析，聚类算法，知识库，分类算法，抽取，语义

表 8-5　学科 #353

学科 #353 (管理学)	
主题#147	供应链，企业，效率，供应链管理，供应商选择，据点扩张，顾客，知识重用
主题#365	知识，描述，流程，架构，互联网，决策支持系统，数据仓库，解决方案
主题#222	信息系统，应用前景，预测方法，评价指标，约束条件，语义，有效性，结构
主题#267	客户，电子商务，信息系统，业务流程，客户关系管理，信息资源，柔性，管理信息系统
主题#145	探讨，创新，理论，知识管理，知识经济，实证研究，理论分析，范式
主题#307	指标体系，目标，环境，需求，优化，方案，因素，层次分析法

表 8-6　学科 #12

学科 #12 (临床医学)	
主题#180	鉴别诊断，信号，扫描，电刺激，志愿者，痛阈，表现，诊断
主题#99	回顾性分析，不良反应，复发，疗效，预后，临床特点，综合征，白血病
主题#223	比较，统计学，检测，药物，实验，剂量，志愿者，肾脏
主题#377	患者，差异，年龄，统计学，临床，分析，评估，疾病
主题#132	方法，患者，有效，显著性，感染，静脉，影响因素，临床效果
主题#165	感染，血清，转录，中药，特异性，阳性率，地区，抗原

从表 8-3～表 8-6 中还可以发现，某些主题在不同的学科中都有较高的概率出现，这种主题一般都有一个较为宽泛的概念。比如主题#222 和主题#365，都与计算机科学与技术和管理学这两个学科有较高的相关度。主题#222 可以理解为描述的是信息系统的相关应用，这属于一个交叉主题，计算机科学与技术以及管理学中都有这方面的研究内容。与主题#222 类似，主题#365 描述的是关于决策支持系统的相关内容，这也是上述两个学科共同都会涉及的领域之一。与这种具有宽泛概念主题相对应的另外一些主题则具有非常专指的内容信息。比如在临床医学下的主题#99，这个主题可以理解为描述的是白血病的治疗情况，而这是一个非常精

专的主题内容,上述现象在其他学科中也可以发现类似的结论。因此可以总结出,利用 AST 模型对专家兴趣进行建模时,一个学科一般是由一部分精专的主题和一部分交叉的主题组成。这也与人们的先验知识较为吻合,从侧面证实 AST 在利用学科信息进行专家建模方面的合理性。

8.2.4　AST 模型的应用

本节利用构造出的 AST 模型来对论文进行候选专家的推荐实验。实验随机选取了 10 篇论文摘要作为测试论文。与前面提到的处理方式类似,利用 NLPIR 对摘要进行了分词和词性标注的过程。后验概率 $p(e|t)$ 可以表示为给定一篇待评测的论文 t,候选专家 e 与论文 t 的匹配程度。根据贝叶斯公式有

$$p(e|t) = \frac{p(e)p(t|e)}{p(t)} \propto p(e)p(t|e) \tag{8-9}$$

其中,$p(t|e)$ 表示给定专家 e,候选论文 t 的概率值的大小。$p(e)$ 表示专家 e 的先验概率值。$p(t)$ 表示候选论文的先验概率值。通常情况下,$p(t)$ 可以看作是均匀分布,因此不考虑其在推荐之中的作用。此外,$p(e)$ 反映了候选专家的权威度,根据 Balog 等的相关研究(Balog, 2006),也可将 $p(e)$ 设置成均匀分布,从而将重点放在生成概率 $p(t|e)$ 上。因此,上述推荐公式最终可以形式化定义为

$$p(e|t) = \prod_{w_i} \sum_s \sum_k p(e|s)p(s|k)p(k|w_i) \tag{8-10}$$

在公式(8-10)中,t 定义为输入的测试论文摘要,其中包含词项 w_i。概率 $P(e|s)$,$P(s|k)$,$P(k|w_i)$ 对应于 AST 的三个矩阵 ψ,θ,φ,均可由模型训练后得到。利用公式(8-8),本章从数据集合中推荐出了 top@5,top@10 和 top@20 的作者作为候选论文评审专家小组。

与(Wang, 2012; Tang, 2008; Mimno, 2007)的不同之处在于,本章基于对一篇学术论文推荐出一组候选专家来对论文进行评测。因此,希望推荐出的专家的研究兴趣不仅与待评测的论文内容相符合,还希望推荐出的专家的研究领域能尽可能地覆盖评测论文所涉及的各个方面。同时,现实中,评测论文评审专家的推荐工作是非常困难的,因为每一个期刊的专家库都属于其内部信息,一般不会透漏给外部人员。另外,即使可以获得上述真实的评测数据,也不能将其作为评测一个模型好坏的基准。当前在论文评审专家推荐的评测工作中,常采用"pooled relevance judgments"的方式(Buckley, 2004),即对每一篇待评测的论文,首先利用某些数据库人工检索出前 n 个专家,对上述结果进行人工筛选,得到标准的专家库,然后再利用模型推荐的结果与专家库进行比对。然而,上述方式并不适合在本实验中应用,该方法需要利用人工的方式筛选。与前人研究一般选一个较为

单纯的领域不同，本章待评测的论文是从一个研究领域非常广泛的学科中随机选出的，可能涉及到各个学科内容，因此很难利用人工的方式来对推荐结果进行精确的评测。另外，"pooled relevance judgments" 只是对推荐的精度这一指标进行评价，而本实验是要对推荐出的一组专家进行评测，因此两者的目的并不完全相同。

当前关于学术论文专家评审推荐工作的研究中，公开的数据集非常稀少，因此在评测推荐出的专家与论文之间存在一定的难度。结合论文评审的业务需求，实验引入了主题覆盖度和对称 KL 距离两种评测指标来对模型进行评测。其中，主题覆盖度(topic coverage)用来评测推荐专家与论文的主题契合程度，而对称 KL 距离用来评测专家之间的多样性程度。主题覆盖度可以形式化定义成如下的形式：

$$\text{coverage} = \frac{N_e \bigcap N_t}{N_t} \tag{8-11}$$

其中，N_e 表示推荐出的 N 个专家的主题的数量，N_t 表示待评测论文中主题的数目。本实验选取了专家和论文摘要的前 100 个主题进行评测。评测结果如表 8-7 所示。从表中可知，在 AST 模型中，当推荐五位论文评审专家时，主题覆盖值能达到 0.55，而当推荐 20 名候选专家时，主题的覆盖度能达到 0.87。

表 8-7　AST 模型的主题覆盖度值

候选专家 / 主题覆盖度	top@5	top@10	top@20
最小值	0.46620046	0.52680652	0.67599067
均值	0.50550913	0.65837041	0.78436371
最大值	0.54950495	0.74504950	0.86881188

KL 距离常用来测量两个概率分布之间的距离。KL 距离的值越小，则证明两个概率分布越相似。KL 距离的值越大，则相反。因此，本章在此引入 KL 距离这种方式在对专家的主题分布进行比对，进而对 AST 模型的多样性进行评测。考虑到 KL 距离本身是非对称的，因此本章采用的是对称 KL 距离，对于两个推荐出的专家 i 和 j，如果对称 KL 距离越大，则专家 i 和 j 越不相似，否则相反。对称 KL 距离可以形式化定义为

$$\text{sKL}(i,j) = \sum_{t=1}^{T} \left[\theta_{i_t} \log \frac{\theta_{i_t}}{\theta_{j_t}} + \theta_{j_t} \log \frac{\theta_{j_t}}{\theta_{i_t}} \right] \tag{8-12}$$

其中，θ_{i_t} 表示专家 i 的主题的概率分布，θ_{j_t} 表示专家 j 的主题的概率分布。

表 8-8 是 AT 模型和 AST 模型中推荐出的专家的对称 KL 距离的比较。

表 8-8　AT 模型和 AST 模型的对称 KL 距离

候选专家 对称 KL 距离	AST 模型			AT 模型		
	top@5	top@10	top@20	top@5	top@10	top@20
最小值	0.19948	1.00034	3.94940	0.18276	1.02423	3.83440
均值	0.37166	1.65791	6.24616	0.31914	1.39229	5.30737
最大值	0.57940	2.58069	9.03237	0.48756	1.78555	6.85957

从表 8-8 可以看出，AST 模型推荐出的前 5、前 10 和前 20 名专家的对称 KL 距离要大于 AT 模型推荐出的专家的对称 KL 距离。这说明 AST 模型推荐出的专家的各个主题分布更加的多样，从而可以说明推荐出的专家更具有多样性，符合本章的研究目的。因此，可以认为 AST 模型在交叉领域的推荐专家方面要优于传统的 AT 模型。AST 模型的对称 KL 距离要大于 AT 模型的原因在于 AT 模型在训练专家的主题即其研究兴趣时，只利用了专家自身的文档，这不可避免地带来更多的噪音，从而降低了对称 KL 距离的值。然而，在 AST 模型中，一个监督的学科层将处于同一学科标签下的文档聚集到一起，起到对文档聚类的作用。这将提升同主题下词项间语义的一致性，进而可以提高 KL 距离的值。

8.3　本 章 小 结

本章采用主题模型对专家兴趣建模的主要原因在于：①主题模型是当前一种成熟的文本建模方式，基于完整的贝叶斯过程，因此相比于 pLSA 等模型而言，具有更加完善的数学基础。②主题模型将文本内容用一系列主题的概率分布来表示，主题可以理解为语义上相关的词项的集合，因此可以用来表示专家的研究兴趣。③主题模型采用非监督的训练方式，并且建模方式灵活，适用于不同的实际应用场景。

由于 AT 模型在专家兴趣模型方面存在一定局限，本章提出了 AST 模型，并对信息系统与管理这一交叉学科领域的论文进行评审专家的推荐工作。在 AST 中，引入一个监督的学科层，其目的是使学科层次的标签可以在专家之间共享，起到对文档和词汇聚类的作用，提高了建模过程中单词语义的一致性。与 AT 模型相比，AST 模型在交叉学科领域，能够更好地对专家的研究兴趣进行建模，并用来进行专家推荐。

第9章 基于学术网络上的评审专家分配：以利益冲突为角度

评审分配问题不仅需要考虑待评审论文与评审专家的主题匹配，还应考虑待评审论文的作者与评审专家之间不应该存在利益冲突。相关研究只考虑了这些直接关系所反映的利益冲突关系，忽略了间接关系带来的潜在利益冲突以及较少地考虑利益冲突关系的强弱程度。

因此，在评审专家分配问题中，需要谨慎地分析衡量潜在的利益冲突关系，否则评审专家分配的效果可能会受到一定影响。针对评审分配问题中对潜在利益冲突关系的考虑不足，本章在直接利益冲突规避的基础上，进一步在评审分配问题中考虑了潜在利益冲突关系。具体来说，本章提出一个基于学术网络的评审专家分配方法，在评审专家分配问题中考虑了最小化潜在利益冲突及最大化研究主题匹配。该方法的目的在于使评审专家分配工作更为有效地规避评审专家之间的潜在利益冲突关系。

9.1 研究框架

本章提出了一个三步骤的研究框架。首先，从一些公开数据中收集学者档案，构建相应的学者和科研机构的学术活动数据集；接着，根据时间和路径长度的约束，从数据集中抽取包含多种关系的学者和科研机构的学术关系网络，并基于两种学术网络估计待评审论文与评审专家之间的利益冲突程度（如图9-1 ①）；然后，计算论文–评审专家的研究主题相似度（如图 9-1 ②）；最后，根据研究主题相似度以及利益冲突程度，构建一个论文–评审专家的最优化分配方法（如图9-1 ③），对待评审论文和候选评审专家进行分配。该方法使得最后分配结果满足尽可能小的利益冲突程度和尽可能大的主题匹配程度要求。

本章具体目的是在评审专家分配问题中，规避潜在利益冲突关系。具体来说，本章根据过往学术活动抽取学者和科研机构之间的学术关系网络，估计学者和科研机构间的潜在利益冲突程度，从而在分配过程中，规避具有较强程度的潜在利益冲突的评审专家分配方案，减少审稿过程的潜在不公平现象。如图9-2 所示，本章提出了一个基于学术网络的利益冲突最小化评审分配方法。具体步骤可以分为以下几点。

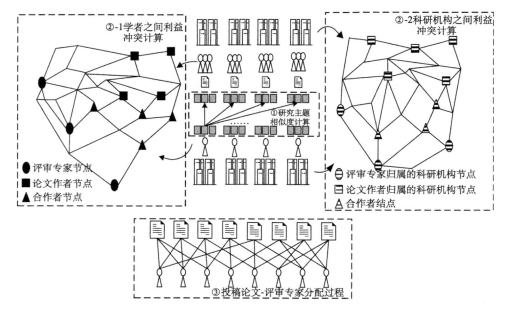

图 9-1　基于学术网络上利益冲突关系的论文–评审专家分配框架

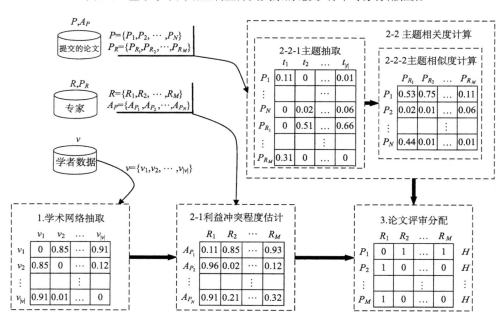

图 9-2　基于学术网络的利益冲突最小化评审分配框架

（1）学术网络抽取。基于学者间合著关系、同事关系和师生关系抽取学者的学术网络；基于科研机构间过往合作关系、共同成员关系抽取科研机构的学术网络，并将这些学术关系的强弱程度作为对应的学术网络边的权重。

(2) 利益冲突程度估计和主题相关度计算。本章将两点之间利益冲突程度的估计问题转化成在学术关系网络中求解两点的路径问题。具体地说，本章以关系网络图中两点间的最短路径包含的节点数量及其他实际要求为约束，计算两个学者(科研机构)在学术关系网络中的最短路径，并计算它们之间的潜在利益冲突程度。此外，本章将待评审论文与评审专家的研究主题相似度估计问题转化成文本相似度的计算。本章基于 LDA 模型抽取待评审论文和评审专家过往发表论文的主题向量，并以余弦相似度计算其对应论文间的主题相似度。然后，用这些主题相似度的均值作为待评审论文与评审专家间研究主题的相似度。

(3) 构建待评审论文与评审专家间的分配方法。本章将评审专家的分配问题建模为一个最小费用最大流问题。具体地说，该问题是最小化待评审论文的作者与评审专家之间的利益冲突程度并同时最大化待评审论文与评审专家之间的研究主题相似度。最终，通过优化方法，找到的最小费用最大流所对应的分配成为本章所寻求的论文与评审专家的最优分配方案。

9.2　问　题　建　模

本章的主要研究目标是基于学术关系网络计算论文与评审专家间的潜在利益冲突，并将其应用于评审专家的分配问题。为简化表述，表 9-1 列出了本章所涉及的符号及其相关定义。

表 9-1　符号和相关定义

符号	定义
P	待评审的论文集合 $P=\{p_1, p_2, \cdots, p_n\}$
F	对于一篇待评审论文 $p_i \in P$，其作者集合为 $F(p_i)$
R	参与审稿的评审专家集合 $R=\{r_1, r_2, \cdots, r_m\}$
D	对于一篇待评审论文 $p_i \in P$，其作者的过往工作机构集合为 $D(F(p_i))$；对于一位专家 $r_j \in R$，其过往的工作机构集合为 $D(r_j)$
S	对于一篇待评审论文 $p_i \in P$，其包含的研究主题为 $S(p_i)$；对于一位专家 $r_j \in R$，其研究背景主题为 $S(r_j)$
M	对于一次指派，评审专家 $r_j \in R$ 被指派去评审论文 $p_i \in P$，表示为 $M(p_i, r_j)$
A	对于一次分配任务，$A \subseteq P \times R$。包含待评审论文 $p_i \in P$ 的分配表示为 $A(p_i)=\{M|M \in A, M.p=p_i\}$；定义包含评审专家 $r_j \in R$ 的分配表示为 $A(r_j)=\{M|M \in A, M.r=r_j\}$
K	学术关系网络中两点之间的路径上包含的最大节点数量
Z	Z_{lower} 和 Z_{upper} 分别为评审专家最低审稿数量和最高审稿数量，$Z_{lower} < Z_{upper}$
G	从学术关系中抽取的学术网络 $G=<V, E>$，G_V 为学者间的学术网络，G_D 为科研机构间的学术网络
L	学术网络 G 上，节点 x_1 到 x_2 的路径 $L_{x_1 \to x_2}$

在一个为待评审论文集合指派专家的任务中，对于某次分配方案 A，待评审论文与评审专家间的利益冲突 $\mathrm{CoI}(A)$ 应当最小，而主题间相似度 $\mathrm{Sim}(A)$ 应该最大。对于每一次匹配 $M(p_i, r_j) \in A$，具体来进行阐述。

(1)利益冲突 CoI。待评审论文与评审专家之间的利益冲突关系为论文作者 $F(p_i)$ 与评审专家 r_j 的利益冲突 $\mathrm{CoI}_v(F(p_i), r_j)$，及作者所在科研机构 $D(F(p_i))$ 与评审专家的科研机构 $D(r_j)$ 间的利益冲突 $\mathrm{CoI}_D(D(F(p_i)), D(r_j))$ 的加权和，即

$$\mathrm{CoI}(A) = \gamma \sum_{p_i \in P, r_j \in R} \mathrm{CoI}_v(F(p_i), r_j) + (1-\gamma) \sum_{p_i \in P, r_j \in R} \mathrm{CoI}_D(D(F(p_i)), D(r_j)) \quad (9\text{-}1)$$

其中，$\gamma \in [0,1]$ 为权衡变量，用于平衡学者间利益冲突关系与科研机构间利益冲突关系之间的重要度。

(2)研究主题匹配程度 Sim。每位评审专家的研究主题 $S(r_j)$ 与一篇所分配的论文间的研究主题 $S(p_i)$ 相关度 $\mathrm{Relevance}(S(p_i), S(r_j))$ 应尽可能大。因此

$$\mathrm{Sim}(A) = \sum_{p_i \in P} \frac{1}{|A(p_i).r|} \mathrm{Relevance}(S(p_i), S(r_j)) \quad (9\text{-}2)$$

在评审分配中，需要最小化利益冲突程度并最大化研究主题间相似度。因此，论文与评审专家的分配问题可以建模为一个最优化问题：

$$A = \arg \max (-\mathrm{CoI}(A) + \mathrm{Sim}(A)) \quad (9\text{-}3)$$

此外，在评审专家分配问题中，还需要考虑一些实际的客观因素，具体如下。

(1)评审专家工作量。在一次评审任务中，评审专家只能评审一定量的投稿文章。此项考虑可以表示为

$$Z_{\mathrm{lower}} \leqslant |A(r_j).p| \leqslant Z_{\mathrm{upper}}, \quad \forall r_j \in R \quad (9\text{-}4)$$

其中，Z_{lower} 为评审专家最低的审稿工作量，Z_{upper} 为评审专家最高的审稿工作量。

(2)待评审论文的审稿专家数量。每篇待评审论文都应指派一个确定数量 H 的评审专家。例如，在一次为待评审论文分配专家的任务中，每篇论文都需要指派 2~3 位评审专家，该限制可以添加到评审分配的最优化问题中，为

$$|A(p_i).r| = H, \quad \forall p_i \in P \quad (9\text{-}5)$$

(3)竞争关系。评审专家不应评审自己的论文，且不应评审与他们论文主题极相似的论文。例如，若一篇待评审论文 p_i 与评审专家 r_j 所提交的论文的研究主题极相似，则 p_i 的作者与 r_j 存在竞争关系(Long, 2013)。因此，待评审论文 p_i 与专家 r_j 的论文 p_{r_j} 间的竞争关系程度可表示为

$$\mathrm{Comp}(A) = \mathrm{Relevance}(S(p_i), S(p_{r_j})) \quad (9\text{-}6)$$

评审专家应与分配的待评审论文间竞争关系程度最小。因此，公式(9-3)可以重写为

$$A = \operatorname{argmax}\left(-\mathrm{CoI}(A) + \mathrm{Sim}(A) - \mu \mathrm{Comp}(A)\right)$$
$$\text{s.t.} \quad \left|A(p_i).r\right| = H, \quad \forall p_i \in P \tag{9-7}$$
$$Z_{\text{lower}} \leqslant \left|A(r_j).p\right| \leqslant Z_{\text{upper}}, \quad \forall r_j \in R$$

其中，$\mu \in [0,1)$ 是权衡变量，用于平衡竞争程度在分配过程的影响程度。由于待评审论文与评审专家间存在竞争关系较激烈的情况并不普遍，所以竞争关系程度的重要性应低于利益冲突程度 CoI 和主题相似度 Sim，即 $\mu < 1$。

9.3　一种考虑利益冲突的专家推荐优化模型

本节将说明如何抽取学者和科研机构的学术网络以估计潜在利益冲突。

9.3.1　抽取学术网络

本节将学术网络分为学者间的学术网络和科研机构间的学术网络，并根据两种不同的网络估计学者及他们所在机构的利益冲突程度。本研究假设：学者间的学术网络 G_V 由他们的过往合作发表关系、同事经历及是否具有导师和学生关系组成；科研机构形成学术网络 G_D 由学者所在机构间的过往合作关系及和机构成员重叠关系组成。因此，针对上述假设，本节将首先构建 G_V 和 G_D。

假定学术网络可由 $G = <V, E>$ 表示。其中，网络中任意两个节点 v_1 和 v_2 的距离函数为 $\varphi(x_1, x_2) \in [0,1]$，表示节点 v_1 和 v_2 在网络中的距离。节点间的关系越紧密，则距离越小。因此，在本研究中应分布定义学者间距离函数 $\varphi_V(v_1, v_2)$ 及科研机构间距离函数 $\varphi_D(v_1, v_2)$。

（一）学者间的学术网络

在本研究中，学者间的学术关系是通过分析合著关系、同事关系、导师和学生关系得出。因此，网络中的各节点间距离则由基于多种关系的距离构成。

基于合著关系的距离：两个成员 v_1 和 v_2 的合著情况为 $C^{1,2} = \left\{c_1^{1,2}, c_2^{1,2}, \cdots, c_{|C|}^{1,2}\right\}$，且 v_1 和 v_2 基于合著关系的距离表示为 $\varphi_C(v_1, v_2) \in [0,1]$。假设合著发表时间距当前时间越近，合著学术联系越紧密，则距离 $\varphi_C(v_1, v_2)$ 越小。为此，对任意 $c^{1,2} \in C^{1,2}$，假设合作年代距现在的时间为 $Y_{c^{1,2}, v_1, v_2}$，则根据 v_1 和 v_2 所有合著行为，$\varphi_C(v_1, v_2)$ 可以定义为

$$\varphi_C(v_1, v_2) = \frac{1}{\left|C^{1,2}\right|} \sum_{c^{1,2} \in C^{1,2}} \frac{1}{1 + e^{-Y_{c^{1,2}, v_1, v_2}}} \tag{9-8}$$

基于同事关系的距离：假设成员 v 的工作机构为 $d^v \in D(v)$，则其工作经历可

用三元组（机构、开始时间、结束时间）表示，即 $E_{d^v} = (d^v, Y_{sta,d^v}, Y_{end,d^v})$。若假设两个成员工作经历重叠部分越多，成员之间的同事学术关系越紧密，距离越小。因此，成员 v_1 和 v_2 基于同事关系的距离为 $\varphi_M(x_1, x_2) \in [0,1]$ 可定义为

$$\varphi_M(v_1, v_2)$$

$$= 1 - \frac{1}{|D(v_1)| \times |D(v_2)|} \sum_{d^{v_1} \in D(v_1), d^{v_2} \in D(v_2)} \frac{\min\left(Y_{sta,d^{v_1}}, Y_{end,d^{v_2}}\right) - \max\left(Y_{sta,d^{v_1}}, Y_{end,d^{v_2}}\right)}{\max\left(Y_{sta,d^{v_1}}, Y_{end,d^{v_1}}\right) - \min\left(Y_{sta,d^{v_1}}, Y_{end,d^{v_2}}\right)}$$

$$\text{s.t. } d^{v_1} = d^{v_2} \tag{9-9}$$

$$\max\left(Y_{sta,d^{v_1}}, Y_{sta,d^{v_2}}\right) < \min\left(Y_{end,d^{v_1}}, Y_{end,d^{v_2}}\right)$$

基于导师和学生关系的距离：两个成员 v_1 和 v_2 可能存在导师和学生关系，即一个学者可能是另一学者的指导导师，或两者为同一个导师所指导的学生。因此，若 v_1 和 v_2 间存在导师和学生关系，则两者距离 $\varphi_A(v_1, v_2)$ 为 0，否则为 1。因此，可以表示为 $\varphi_A(v_1, v_2) \in \{0,1\}$。令 $\text{Adv}(v)$ 表示成员 v 的导师，则 $\varphi_A(v_1, v_2)$ 可以估计为

$$\varphi_A(v_1, v_2) = 0 \quad \text{if} \quad v_1 = \text{Adv}(v_2) \text{ or } v_2 = \text{Adv}(v_1) \text{ or } \text{Adv}(v_1) = \text{Adv}(v_2) \tag{9-10}$$

实际上，相比合著关系和同事关系，学者间的导师与学生关系需要更严格的限制，即一旦两者存在导师与学生间关系，则两者在学术网络中的距离应当为 0。综上，成员 v_1 和 v_2 在学者间学术关系网 G_V 中的距离可定义为三种关系的结合：

$$\varphi_V(v_1, v_2) = \left(\alpha \varphi_C(v_1, v_2) + (1-\alpha) \varphi_M(v_1, v_2)\right) \times \varphi_A(v_1, v_2) \tag{9-11}$$

其中，α 用于权衡合著关系与同事关系之间的重要程度。因此，对于给定在学者的学术网络节点 v_1 和 v_2，$\varphi_V(v_1, v_2)$ 的值越小，则两者之间的学术距离越小，学术关系越紧密。

(二)科研机构间的学术网络

本研究中，机构间的学术关系将从过往学者间合作关系及共同机构成员关系两个方面展开分析。为此，为计算任意机构间学术距离，本研究先假设：对于某科研机构 $d \in D(v)$，$v \in V$，定义 $O(d)$ 表示归属于 d 的学者成员 $O(d) \subseteq D$。

基于过往合作关系的距离：两个机构 d_1 和 d_2 间的合作程度主要考虑其所归属的成员间的合作情况，而成员间的合作情况与基于成员合著关系网络 Gc 中定义的距离 φ_C 相似。同时，两个机构过往的合作次数越多，它们的合作关系越紧密，相应的距离越小。若假设机构在过往合作关系网络 G_l 的距离为 $\varphi_1(d_1, d_2)$，可以估计为

$$\varphi_I\left(d_1,d_2\right)=1-\frac{1}{\left|O\left(d_1\right)\times\left|O\left(d_2\right)\right|\right.}\sum_{v_1\in O\left(d_1\right),v_2\in O\left(d_2\right)}\sum_{c^{1,2}\in C^{1,2}}\frac{1}{1+e^{Y_{c^{1,2},v_1,v_2}}} \tag{9-12}$$

基于共同机构成员的距离：两个机构 d_1 和 d_2 的成员结构相似度主要考虑它们的成员组成情况。同时，两个机构的成员组成重叠程度越大，它们的学术联系越紧密，相应的距离越小。若假设机构在过往合作网络 Gw 的距离为 $\varphi_W\left(d_1,d_2\right)$，可以估计为

$$\varphi_W\left(d_1,d_2\right)=1-\frac{\left|O\left(d_1\right)\bigcap O\left(d_2\right)\right|}{\left|O\left(d_1\right)\bigcup O\left(d_2\right)\right|} \tag{9-13}$$

综上，两个机构 d_1 和 d_2 在科研机构的学术关系网 G_D 中的距离为两种关系的加权和，为

$$\varphi_D\left(d_1,d_2\right)=\beta\varphi_I\left(d_1,d_2\right)+\left(1-\beta\right)\varphi_W\left(d_1,d_2\right) \tag{9-14}$$

其中，β 为权衡过往合作关系与共同机构成员关系间的重要程度。因此，对于给定机构间的学术网络上两个表示学者的节点 d_1 和 d_2，$\varphi_D(d_1,d_2)$ 的值越小，说明两者之间的学术距离越小，产生利益冲突关系的程度越大。

下节将详细说明如何根据本节所建立的学术关系网络估计潜在利益冲突关系及待评审论文与评审专家间的研究主题的相关程度。

9.3.2　利益冲突程度估计及主题匹配程度计算

论文的评审专家分配需要保证审稿过程的合理性和公平性。因此，需要考虑待评审论文作者与评审专家间的利益冲突程度最小，并且待评审论文与评审专家间的主题匹配程度最大。本节将详细探讨如何估计待评审论文作者与评审专家之间的潜在利益冲突程度及如何计算待评审论文与评审专家之间的研究主题匹配程度。

（一）利益冲突程度

待评审论文与评审专家之间的利益冲突由两部分组成：待评审论文作者与评审专家的学者角度的利益冲突关系 CoI_V，作者所属科研机构与专家所属科研机构的机构角度的利益冲突关系 CoI_D。给定学术关系网络 $G=<V,E>$ 以及网络上的两个节点 v_1 和 v_2，定义 v_1 和 v_2 的连通路径为 $L_{v_1\to v_2}$，路径上包含的节点数量为 $\left|L_{v_1\to v_2}\right|$。给定学术网络上的两个节点 v_1 和 v_2，利益冲突关系在学术网络中考虑以下三个规则。

（1）如果两个节点直接连接，学术关系距离 $\varphi(v_1,v_2)$ 较小，产生利益冲突的可能性越大；而对于两个没有直接边的节点，若两点间存在连通路径，则它们通过距离之和最小的路径来产生利益冲突关系。

（2）如果两个节点间建立联系所需的中间节点越少，即路径越短，产生利益冲突的可能性也越大。

（3）如果两个节点的最短连通路径包含的节点数多于 K，即 $|L_{v_1 \to v_2}| > K$，则两点间的学术距离可以忽略。

因此，学术网络图 G 中任意两点 v_1 和 v_2 间的利益冲突程度 $\mathrm{CoI}_G(v_1, v_2)$ 需要同时考虑边的权重和路径的长度限制。然而，v_1 和 v_2 在图中的路径可能有多条，而与此对应的利益冲突可能有多个值。假设在学术网络中，对于任意一个匹配 $M(p_i, r_j) \in A$，如果 v_1 代表待评审论文的任一作者，$v_1 \in F(p_i)$，v_2 表示与其匹配的评审专家，$v_2 = r_j$，则 v_1 和 v_2 的利益冲突 $\mathrm{CoI}_V(v_1, v_2)$ 应该是它们所有的利益冲突关系之中的最小值，即

$$\mathrm{CoI}_V(v_1, v_2) = 1 - \min_{l_{v_1 \to v_2} \in L_{v_1 \to v_2}} \sum_{(v, v') \in l_{v_1 \to v_2}} \varphi_V(v, v')$$

$$\mathrm{s.t.} \quad \min |L_{v_1 \to v_2}| \leqslant K \tag{9-15}$$

对于机构的学术网络，科研机构间的利益冲突程度 $\mathrm{CoI}_D(d_1, d_2)$ 也可按此方法做出估计。

下面将利用一个例子展开说明。图 9-3 表示了某个学术网络的一个局部。在该网络中，有一个作者 A_1，三个评审专家 R_1、R_2 和 R_3 及四个过往合作者 V_1、V_2、V_3 和 V_4。现在考察 A_1 与 R_1、R_2 和 R_3 间的路径。首先，考虑 A_1 和 R_2 间的两条路径 $l^1_{A_1 \to R_2}$，$l^2_{A_1 \to R_2} \in L_{A_1 \to R_2}$。其中，$l^1_{A_1 \to R_2}$ 是 $A_1 \to V_1 \to V_3 \to V_4 \to R_2$，路径的权值和是 1.0，路径长度为 $|l^1_{A_1 \to R_2}| = 5$；$l^2_{A_1 \to R_2}$ 是 $A_1 \to V_1 \to V_4 \to R_2$，路径的权值和是 1.0，路径长度 $|l^2_{A_1 \to R_2}| = 4$。根据规则（2），A_1 和 R_2 间可能发生利益冲突关系的路径是 $l^2_{A_1 \to R_2}$，路径的权值和是 1.0。此外，观察到 A_1 和 R_1 间存在路径 $l_{A_1 \to R_1}$ 是 $A_1 \to V_2 \to R_1$，最小路径和是 0.9。根据规则（1），相比于 R_2，A_1 更容易与 R_1 发生利益冲突。A_1 与 R_3 间最短连通路径包含 6 个节点，即 $|l_{A_1 \to R_3}| = 6$。如果设置 $K=5$，根据规则（3），A_1 与 R_3 间的学术关系可以忽略。于是，相比于 R_1 与 R_2，A_1 不可能与 R_3 产生利益冲突。

因此，分析有关评审专家学术网络中利益冲突程度的问题转变成如何在限制的路径长度内，为带权无向图中的两点之间找到一条边的积累权重最小的路径。一般来说，分析图中任意两点最短路径的方法有 Dijkstra 算法和 Floyd 算法。考虑到本研究的主要目是寻找图中两组点之间的最短路径，所以这里使用一个加速 Floyd 算法来计算两点之间的最短路径（张德全，2009）。加速 Floyd 算法迭代的次数取决于路径长度的限制 K 的值。

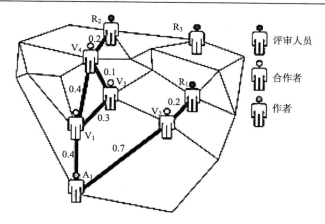

图 9-3　基于学者的学术网络的利益冲突程度估计示例

（二）主题匹配程度

在评审分配问题中，另一个基本的要求是，保证待评审论文的研究内容与评审专家的知识背景的主题匹配程度高。待评审论文与评审专家主题匹配程度可转换为论文与评审专家过往发表论文间的主题相关度。

待评审论文的研究主题与评审专家发表论文的主题越相似，他们之间的相关程度越高。假设主题相似度计算函数为 $\varPhi(x_1,x_2)\in[0,1]$，表示两个主题间的语义相似度。两个主题所表达的意思越相近，它们间的 $\varPhi$ 值越大。对于一篇待评审论文 p_i，分配的评审专家为 $A(p_i).r$，评审专家 $r_j\in A(p_i).r$ 过往发表论文集合为 P_{r_j}，则待评审论文 p_i 与评审专家 r_j 间的主题相关度 Relevance(p_i,r_j) 可计算为

$$\text{Relevance}(p_i,r_j)=\frac{1}{\left|P_{r_j}\right|}\sum_{p_{r_j}\in P_{r_j}}\varPhi\left(S(p_i),S(p_{r_j})\right) \tag{9-16}$$

则公式（9-2）可以转化为

$$\begin{aligned}\text{Sim}(A)&=\sum_{p_i\in P}\frac{1}{\left|A(p_i).r\right|}\text{Relevance}\left(S(p_i),S(A(p_i).r)\right)\\&=\sum_{p_i\in P}\frac{1}{\left|A(p_i).r\right|}\sum_{p_{r_j}\in P_{r_j},r_j\in A(P).r}\frac{1}{\left|P_{r_j}\right|}\varPhi\left(S(p_i),S(p_{r_j})\right)\end{aligned} \tag{9-17}$$

抽取评审专家和待评审论文的研究主题的一种常见方法是主题模型。在评审专家分配问题及专家推荐过程中，主要使用 LDA（Liu, 2014），AT 模型及 EM 算法（Kou,2015）。本研究将直接使用 LDA 模型从待评审论文和评审专家的论文中抽取主题。首先，收集候选评审专家的所有论文和待评审论文作为 LDA 模型的输入。在使用 LDA 模型分析后，得出评审专家 r_j 的论文 $p_{r_j}^k$ 的主题分布 $\theta_{p_{r_j}^k}$，及

每一篇待评审论文 p_i 的主题分布 θ_{p_i}。接着，r_j 的每一篇论文 $p_{r_j}^k$ 和待评审论文 p_i 的相似度仅取决于 Φ。本章将使用余弦相似度的方法来计算 Φ，并用其平均值作为专家 r_j 与待评审论文 p_i 间的主题相似度。与此类似的方法可参见（Li，2013）。

9.3.3 基于最小花费最大流的评审专家分配

本节将讨论一个基于学术关系中利益冲突最小化的评审专家分配方法。根据 9.2 节的问题定义，推荐的审稿专家应与投稿作者间的利益冲突相对较小，研究背景应与待评审论文的研究主题相对较近，推荐的审稿专家的自己的待评审论文应与其所评审的论文间的竞争关系相对较小。同时，推荐的审稿专家的工作量应该在合适的范围内，并为每篇待评审论文指派一定数量的评审专家。本研究将利用一个带约束的最优化问题来分析上述要求。

解决评审分配过程中最优化问题的方法通常有贪心算法（Long，2013）和最小费用最大流方法（Tang，2012）。考虑到本研究的最终目的是为评审委员会的组织者提供一个合理方案，优化对评审专家的选择方法，所以本研究采用最小费用最大流方法来解决这个最优化问题（Tang，2012）。

网络中最小费用流为最优化公式（9-7）提供了一个优化解：

$$\min \sum_{(a,b)\in E(G)} C_{ab}\big(f(a,b)\big)$$

$$\text{s.t.} \sum_{b:(a,b)\in E(G)} f(a,b) = \sum_{b:(a,b)\in E(G)} f(b,a), \quad \forall a \in V(G) \tag{9-18}$$

$$\text{lower}_{ab} \leqslant f(a,b) \leqslant \text{upper}_{ab}, \quad \forall (a,b) \in E(G)$$

该模型定义了一个有向图 $G=(V(G), E(G))$，每一条边 $(a,b) \in E(G)$ 的容量都有下限值 lower_{ab} 和一个上限值 upper_{ab}，以及一个花费方程 $C_{ab}(f(a,b))$。

基于图 G 的公式（9-18）中所示的最小化问题等价于公式（9-7）最大化问题。为了方便说明，这里用 CoI_{ij} 来表示 $\text{CoI}(M(p_i, r_j))$，Sim_{ij} 表示 $\text{Sim}(M(p_i, r_j))$，Comp_{ij} 表示 $\text{Comp}(M(p_i, r_j))$。最小花费最大流问题的构建过程如图 9-4 所示。在构建过程中，图 G 中的一个可行的流对应一种论文与评审专家的匹配。从起点 S 到 p_i 的流对应每篇待评审论文所指派的专家数量 H，从 r_j 到终点 T 的流对应指派给评审专家 r_j 的待评审论文的数量。点 r_j 到终点 T 的边的花销就是评审专家的工作量限制 $[Z_{\text{lower}}, Z_{\text{upper}}]$。从点 p_i 到点 r_j 的流表示将待评审论文指派给评审专家。它们之间的流量上限为 1，即每篇待评审论文 p_i 不会重复指派给同一个评审专家 r_j；它们的边的花费就是待评审论文与评审专家之间的研究主题相似度和利益冲突程度的总和。因此，公式（9-7）可以简化为公式（9-18）所示的最小费用最大流问题。算法的具体流程如下。

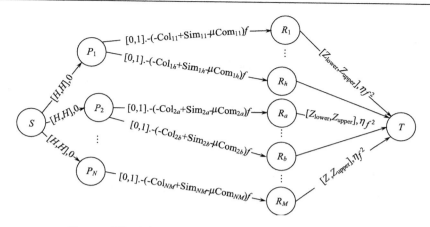

图 9-4　根据公式(9-7)构建的最小花费最大流问题示意图

(1)构建包含起点 S 和终点 T 的图 G，$G=<V, E>$，其中，$S,T \in V$。

(2)对任意 $p_i \in P$，在图 G 构建点 S 到点 p_i 的边 $(S, p_i) \in E$，并定义边的花销为 0，流量限制为 $[H, H]$。

(3)对任意 $r_j \in R$，在图 G 构建点 r_j 到点 T 的边 $(r_j, T) \in E$，并定义边的花销为 ηf^2，流量限制为 $[Z_{lower}, Z_{upper}]$。

(4)对每个 $p_i \in P$ 以及对每一个 $r_j \in R$，当 CoI_{ij} 的取值不为 1 时，构建点 p_i 到点 r_j 的边 $(p_i, r_j) \in E$，并定义边的花销方程为 $-(-CoI_{ij}+Sim_{ij}-\mu Comp_{ij})f$，流量限制为 $[0,1]$。

(5)利用预流推进算法(preflow–push algorithm)分析图 G(Tang, 2008)，并计算每一条边所分配的流量值。该算法的实现代码可参见 wikipedia 中有关 push–relabel maximum flow algorithm 的页面。

(6)对任意 $p_i \in P$ 及对任意 $r_j \in R$，当 CoI_{ij} 的取值不为 1 时，若 flow $f(P_i, R_j)$ 取值为 1，则将论文 p_i 分配给评审专家 r_j。

9.4　实验和讨论

本节将对提出的评审专家分配方法利用多组实验进行评估，目的在于考察潜在综合考虑利益冲突关系后，评审专家的分配是否能够在规避潜在利益冲突方面做到有效性的提升。本节首先描述本章实验所需的学者学术活动数据集，然后给出实验过程的详细信息，接着介绍本次实验的基线方法和评估指标，最后进行参数设置、实验及对比分析。

9.4.1　实验数据采集

　　为评估本章提出的方法以及验证其他相似研究中的方法，需要从合著关系、科研机构的合作关系、导师与学生关系等抽取出相对完整的学术网络。然而，目前尚没有公开的数据库能提供符合该要求的数据集。并且，当前较为流行的文献数据库中文献记录大都存在一定歧义和模糊性等问题。同时，构建涵盖所有研究领域的学术网络也十分困难。因此，本章将建立一个综合多种学术关系的学者学术活动数据集来满足研究和实验环节的需求，以便为后续研究提供基础性工作。

　　本章选择计算机及其相关的领域作为学术活动数据集构建的基础。具体来说，本章以美国计算机协会（Association for Computing Machinery，ACM）的数据库 Digital Library 中收录计算机领域的文献作为数据来源，将其中已经预先构建的学者档案作为专家个人信息来源，将其整合成一个相对完整的学术关系数据集，并从中抽取学术网络。其中，该实验数据集收录的文献均为 ACM 出版的文献，即本章仅考虑围绕 ACM 系列出版物中的学术关系。

　　学术关系实验数据集的具体构建方法为：首先，抓取 ACM 的 Fellow 成员（1994~2016 年）作为第一层种子专家，共 351 位。然后，基于第一层种子专家从 Digital Library 中获取其合作者作为第二层种子作者，并在此基础上获得第二层种子作者的合作者作为第三层作者，共 458,295 人。相应的题录数据 3,519,253 条，机构数据 529,546 条，研究领域数据 1,243,256 条，导师与学生关系数据 19,379 条。其中，本数据集涉及科研机构 10,643 所，发表论文 1,305,757 篇，研究领域 33,954 个。

　　评审分配问题中，估计学者间利益冲突及研究主题的相关程度需要高质量的数据集。而原始数据集中存在较多的同名学者，因此有必要对数据集进行实体消歧工作。具体来说，实体消歧工作包括如何辨识两个姓名相同或相似的学者。这里需要区分是记录冗余和书写问题的原因使得两者其实为一人，还是确实存在姓名相似的两个学者。在原始实验数据集中，存在 132,049 位姓名相同的专家。由于姓名的拼写问题，部分相同的姓名轻微差异，如 J. Bryan Lyles 与 Bryan Lyles。在数据清洗中，两个姓名的相似度被认为是 0.67。其姓名相似度 Composited（J.Bryan Lyles, Bryan Lyles）可以通过以下方式计算：

$$\begin{aligned}
\text{Composited}(\text{J.Bryan Lyles, Bryan Lyles}) &= \frac{\left|\text{Name}_1 \bigcap \text{Name}_2\right|}{\left|\text{Name}_1 \bigcup \text{Name}_2\right|} \\
&= \frac{\left|\{\text{Bryan, Lyles}\}\right|}{\left|\{\text{J, Bryan, Lyles}\}\right|} \\
&= 2\,/\,3
\end{aligned} \tag{9-19}$$

本数据集存在 1,062,991 对相似度高达 0.67 及以上的相似姓名（如表 9-2 所示）。根据一些文献的处理分析（Karimzadehgan, 2009a; Ackerley, 2007），本节选择相似度 0.67 及以上专家姓名进行消歧，并对其他方面的相似度在 0.80 以上的两个学者的信息进行合并。

表 9-2　姓名相似程度统计及实例

相似程度	计数	实例
0.67	1,057,862	J. Bryan Lyles, Bryan Lyles
0.75	4,960	J. Bryan K. Lyles, J. Bryan Lyles
0.80	152	Khan Bryan J. K. Lyles, J. Bryan K. Lyles
0.83	17	Khan Bryan J. K. Lyles Ajirit, Khan Bryan J. K. Lyles

对于两个姓名高度相似的专家，姓名消歧是考察两者间的工作经历重合程度、合作者相同程度、发表论文的相似程度及研究主题的相似程度。两者在这些方面相似程度越高，则他们为同一个实体的可能性就越高。最后，合并冗余的记录，共获得 357,827 位专家，发表论文数据 3,355,129 条，研究领域数据 1,106,693 条，机构数据 528,505 条，导师与学生关系数据 16,224 条。表 9-3 给出了清理前后数据集的变化，这些数据将成为学术网络构建的基础，并用于后面的实验分析。

表 9-3　实验数据集清理前后的变化

	专家	论文数据	机构数据	领域数据	导师学生关系数据
清理前	458,295	3,519,253	529,546	1,243,256	19,379
清理后	357,827	3,355,129	528,505	1,106,693	16,224

9.4.2　实验过程

评估评审专家分配方法的一个直接途径是将该分配方法应用于实际的学术会议管理系统中。然而，由于信息隐私问题、被拒绝的论文尚未发表等多种客观因素，实际的待评审论文名单以及相应的评审专家情况无法公开地获得等，所以不少研究采用一些公开数据模拟待评审论文与评审专家的分配情况，并将其作为实验数据集对不同方法做出评估（如表 9-4）。

表 9-4　专家评审分配中实验数据集

研究	数据集
Mimno 等 （Mimno, 2007）	2006 年 NIPS 会议的 148 篇接收论文，364 位评审专家

续表

研究	数据集
Karimzadehgan 等 (Karimzadehgan, 2009a)	2007 年 SIGIR 会议的 73 篇接收论文，189 位评审专家，25 个研究领域
Tang 等 (Tang, 2012)	2008~2009 年 KDD 会议和 2009 年 ICDM 会议的 338 篇接收论文，2009 年 KDD 会议 354 位评审专家
Xue 等 (Xue, 2012)	2008~2009 年 KDD 会议和 2009 年 ICDM 会议的 310 篇接受论文，2009 年 KDD 会议 350 位评审专家
Long 等 (Long, 2013)	2006~2010 年 KDD 会议的 496 篇接收论文，2010 年 ICDM 和 KDD 会议的 550 位评审专家，49 个会议研究领域
Kou 等 (Kou, 2015)	2008~2009 年的 SIGKDD、ICDM、SDM、CIKM、SIGMOD、VLDB、ICDE、PODS、STOC、FOCS、SODA 会议的 1,444,387 篇接收论文，2008~2009 年 SIGKDD、 SIGMOD 和 STOC 会议的 441,957 位评审专家，30 个研究领域
Sidiropoulos 等 (Sidiropoulos, 2015)	2009 年 ICASSP 会议的 132 篇接受论文，44 个会议主题。2010 年 SPAWC 会议的 203 篇接受论文，64 位评审专家，50 个研究领域

所以，为方便本研究采集实验数据，以及将本章提出的方法与其他研究方法进行效果比较，本章从公开数据集中收集了相似的测试数据作为实验数据。

本研究收集 2013~2015 年 KDD 会议的接收论文作为已经提交的待评审论文，共计 487 篇，论文作者共 1229 位。将 2015 年 ICDM 和 KDD 会议的委员会成员作为评审专家，共 905 人。具体情况见表 9-5。其中，研究领域的数量总和为去除了重复的研究领域后三年的研究领域集合的并集，而评审专家的数量总和为去除了重复的专家后两个会议的评审专家集合的并集。

表 9-5　本研究构建的实验数据集

时间	接收论文	研究领域	KDD 会议评审	ICDM 会议评审
2013	64	87	729	342
2014	195	93	—	—
2015	228	116	—	—
总和	487	201	评审专家总和	905

在实验评估时，需要基于待评审论文与评审专家的过往发表论文分析主题相似度。与研究(Kou, 2015; Tang, 2012)相似，本章采用论文摘要分析主题的相似度。同时，实验以测试集中 905 位专家以及 487 篇论文的合作者为种子学者，考虑他们在 2007~2012 年期间的学术活动(论文发表，科研工作经历，学位论文指导)。构建这些种子学者的学术关系时，本研究仅考虑其合作关系距离中最近的 5 位合

作者，并把这些合作者作为第二层学者。重复上述步骤，直到获取到第五层作者。最后，以每层学者的学术活动来构建学术关系网络，并计算论文作者与评审专家间的利益冲突。

9.4.3　评估指标和比较方法

目前尚无广泛使用的指标对审稿专家推荐这一问题做出评估。为了量化评估所提出的方法，与文献(Liu, 2014)研究相似，本实验将利用不同评估指标对提出的方法进行评估。

(1)待评审论文和评审专家的平均匹配适合度(average matching fitness，AMF)。为待评审论文与评审专家每次匹配的主题相似度做出评估，反映该匹配是否满足合理性要求。本实验为每篇待评审论文分配数量相同的评审专家，但每位评审专家收到的待评审论文的数量可能不一致，所以两者需要分开讨论。

针对待评审论文的平均匹配适合度 AMF_p：评估每篇待评审论文的主题与分配的评审专家研究主题的平均相关度 $AMF_p(P)$，反映评审专家是否能较好地做出评审。具体计算如下：

$$AMF_P(P) = \frac{1}{|P|} \sum_{p_i \in P, r_{p_i} \in A(p_i).r} \text{Relevance}\big(S(p_i), S(r_{p_i})\big) \tag{9-20}$$

针对评审专家的平均匹配适合度 AMF_R：评估每位评审专家的研究主题与分配的待评审论文主题的平均相关度 $AMF_R(R)$，反映每位评审专家所评审的论文是否与其所擅长的研究相关。其体计算公式：

$$AMF_R(R) = \frac{1}{|R|} \sum_{r_j \in R, p_{r_j} \in A(r_j).p} \text{Relevance}\big(S(p_{r_j}), S(r_j)\big) \tag{9-21}$$

(2)待评审论文和评审专家的平均规避效果(average avoid effect，AAE)。为待评审论文与评审专家每次匹配的利益冲突程度做出评估，反映该匹配是否满足公平性要求。与 AMF 相似，待评审论文和评审专家的平均规避效果也需要分开讨论。

针对待评审论文的平均匹配适合度 AAE_p：评估每篇待评审论文的作者与评审专家间的平均规避效果 $AAE_p(P)$，反映待评审论文的评审过程是否相对公平。具体计算公式：

$$AAE_P(P) = \frac{1}{|P|} \sum_{p_i \in P, r_{p_i} \in A(p_i).r} \text{CoI}(p_i, r_{p_i}) \tag{9-22}$$

针对评审专家的平均匹配适合度 AAE_R：评估每位评审专家与分配给其的待评审论文的作者间的平均规避效果 $AAE_R(R)$，反映评审专家的评审工作是否尽可能公平。具体计算如下：

$$\text{AAE}_R(R) = \frac{1}{|R|} \sum_{r_j \in R, p_{r_j} \in A(r_j).p} \text{CoI}(p_{r_j}, r_j) \qquad (9\text{-}23)$$

本实验是分析考虑潜在利益冲突关系时的评审分配结果的有效性。为了验证本章提出方法的效果，本章所展示的方法（用 COIM 代表）将与一个基于贪心算法的评审专家分配方法（Long, 2013）（用 Greedy 代表）及一个随机分配方法（用 Random 代表）做出比较。根据一些已有研究的实验参数设置，每篇待评审论文的假定评审专家数量 H 的取值为 2 和 3。每位评审专家的最低审稿数量 Z_{lower} 为 5，最高审稿数量 Z_{upper} 为 10。传播路径长度 K 取值为 1，3，5，7。$K=1$ 是只考虑学术网络中直接利益冲突关系。参数 α 和 β 设置为 0.5，即公式(9-11)和公式(9-14)中两部分的重要程度相同。

Greedy 算法：从待评审的论文集中，随机选择一篇文章，在满足评审专家最大工作量等条件的限制下，为其从候选评审专家库中选择 H 位专家，使当前的分配方案在 AMF 和 AAE 两个评估指标上的表现最好。注意到，该方法只规避直接利益冲突关系，即每次实验取 $K=1$ 时的 CoI 取值。重复该过程，直到所有待评审论文都分配了评审专家。将此方法运行 100 次，取其评估指标的平均值作为在两个评估指标上的表现效果。

Random 算法：在满足评审专家最大工作量等条件限制下，为每篇待评审论文随机选择 H 位评审专家。在为所有待评审论文分配评审专家结束后，计算该次分配方案的 AMF 和 AAE 两个评估指标。将该方法运行 100 次，取其评估指标的平均值作为在两个评估指标上的表现效果。

9.4.4 参数设置实验

本节首先对分析参数设置不同的对分配结果的影响，然后评估所提出方法的效果。在实验中，公式(9-1)中参数 γ 和公式(9-7)中参数 μ 对最终的分配结果有较大的影响。因此，本实验首先考察两者对分配结果的平均匹配合适度 AMF 和平均规避效果 AAE 的影响，然后决定这两个参数可能的取值。在 9.4.3 节中设置的参数的基础上，分别对 $H=2$、$K=\{1,3,5,7\}$ 以及 $H=3$、$K=\{1,3,5,7\}$ 等两组参数设置展开实验，并分别取每组实验在每个指标上的平均值作为实验结果。

在考虑待评审论文与评审专家间的利益冲突程度时，参数 γ 权衡学者角度的利益冲突程度与科研机构角度的利益冲突程度之间的重要性。这反映了利益冲突通过个人关系或组织关系产生的可能性不同。改变 γ 的取值，将考察该参数对最终分配结果的平均匹配合适度 AMF 和平均规避效果 AAE 的影响。具体实验结果如图 9-5 所示。通过图 9-5(a)可以发现，当 $\gamma=0.6$ 时，AMF_p 和 AAE_p 表现相对较好。这说明，从待评审论文角度来说，利益冲突的产生更受其所属科研机构学术关系的影响。通过图 9-5(b)可以发现，当 $\gamma=0.7$ 时，AMF_R 和 AAE_R 的表现相对较好。这说明，从评审专家角度来说，利益冲突的产生相对受其个人过往学术合作经历的影响。所以，在接下来的实验中，γ 设置为 0.65。

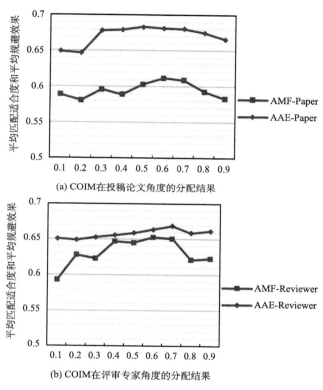

(a) COIM在投稿论文角度的分配结果

(b) COIM在评审专家角度的分配结果

图 9-5　参数 γ 对分配结果在平均匹配程度和规避效果方面的影响

在考虑待评审论文的评审专家与其他待评审论文间存在竞争关系时，参数 μ 权衡两者的竞争程度与其他部分之间的相对重要性。具体实验结果如图 9-6 所示。由图 9-6(a)和图 9-6(b)可以发现，当 $\mu=0.7$ 时，本研究所提出方法的平均匹配合适度 AMF 和平均规避效果 AAE 的表现相对较好。其可能的原因是，相比于待评审论文的总数，评审专家的待评审论文相对较少，所以降低竞争程度对分配结果的平均匹配合适度的影响较小；而根据研究主题越相近的学者间利益冲突的可能越大的经验判断，降低竞争程度即规避了两者间可能存在的利益冲突关系。所以本实验中 μ 取值为 0.7。

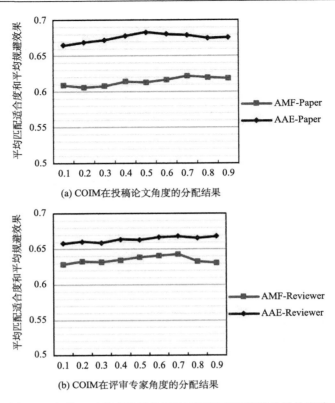

(a) COIM在投稿论文角度的分配结果

(b) COIM在评审专家角度的分配结果

图 9-6　参数 μ 对分配结果的平均匹配程度和规避效果的影响

综上所述，在后续的实验中，所提出方法的参数 γ 和参数 μ 分别设置为 0.65 和 0.7，其他所有参数的设置如表 9-6 所示。

表 9-6　实验参数设置

参数	H	Z_{lower}	Z_{upper}	K	α	β	γ	μ
数值	2,3	5	10	1,3,5,7	0.5	0.5	0.65	0.7

9.4.5　对比实验

本实验将所提出的算法与 Greedy 算法、Random 算法做出对比，考察不同方法在不同传播路径长度限制 K 和不同专家数量 H 的推荐效果。图 9-7 和图 9-8 分别为各方法在平均匹配适合度 AMF 和平均规避效果 AAE 上的推荐效果，其中，横坐标是传播路径长度，纵坐标分别是平均匹配适合度（如图 9-7）和平均规避效果（如图 9-8）。

图 9-7 显示了本章所提出的算法与 Greedy 算法和 Random 算法在平均匹配适合度上的效果对比。待评审论文与分配的评审专家间的相似度越大，则他们间的平均匹配适合度越大。总体来看，在考虑传播路径长度 $K=1$ 时，即只考虑直接的利益冲突关系时，本章所提出的算法与 Greedy 算法的分配情况在 AMF 方面差别不大。

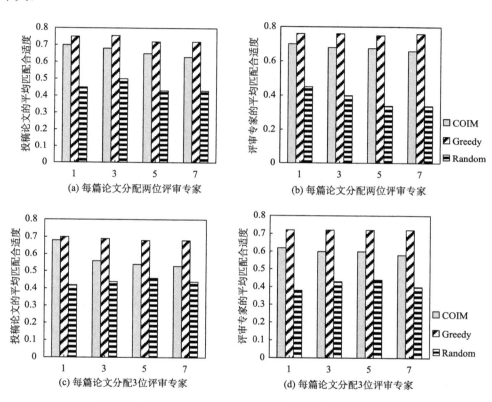

图 9-7　不同方法在平均匹配适合度 AMF 方面的对比

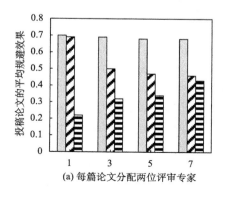

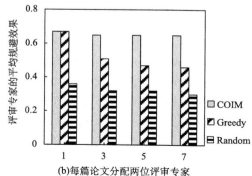

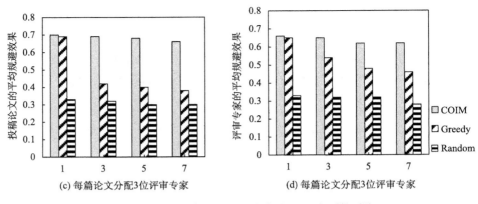

(c) 每篇论文分配3位评审专家　　　　　　　(d) 每篇论文分配3位评审专家

图9-8　不同方法在平均规避效果 AAE 方面的对比

　　由图 9-7 可以发现,当 $K > 1$ 时,即考虑间接的利益冲突关系时,本章所提出算法的 AMF 明显下降,而 Greedy 在该指标下几乎没有改变。同时,K 取值越大,本章所提出算法的 AMF 指标下降幅度越明显。这说明考虑潜在利益冲突时,本章所提出算法的 AMF 会受到损失,而规避越多的潜在利益关系,则导致损失越多的主题相度。一个可能的原因是,对于两个专家来说,研究主题越相似,合作的可能越大,而利益冲突可能也越大。所以,考虑减小利益冲突时,本章所提出的算法从候选专家中排除一些主题相似度较大的人,从而造成分配结果在主题相似度方面产生一定损失,从而导致较低的 AMF。

　　图 9-7(a)~(d) 分别反映从待评审论文和评审专家的角度考察的 AMF 的变化。对比本章所提出算法在两种情况下的推荐效果可以发现,潜在利益冲突规避对 $\text{AMF}_P(P)$ 的损失比 $\text{AMF}_R(R)$ 更明显。可能的原因是,待评审论文研究主题的多样性少于评审专家的多样性,这使得在分配过程中为最大化待评审论文与评审专家的研究主题相似度,从主题相似度方面出发所能够寻找到的针对待评审论文的最佳候选者的数量远小于候选评审专家的数量。此外,在排除具有较大利益冲突的候选评审专家后,待评审论文其他候选专家的研究主题相关度相比被排除的专家更小,并使得其主题的总体匹配度减小。因此,$\text{AMF}_P(P)$ 受到更多损失。

　　图 9-7(a),(b) 和 (c),(d) 分别对应 $H=2$ 和 $H=3$。总体来看,本章所提出的算法与 Greedy 算法在 $H=2$ 时取得的 AMF 更大。一种可能的解释是,对于某些待评审论文,其研究主题可能相对比较少见,若候选专家在以往研究主题中包含该主题的专家数目较少,则分配给该论文评审专家的平均主题相似度越小。而本章所提出的算法比 Greedy 算法受 H 的影响相对更明显。通过观察本章所提出的算法在两种情况下的推荐效果可以发现,当 $H=2$ 时,潜在利益冲突规避对 $\text{AMF}_P(P)$ 的损失影响更明显。对于研究主题少见的待评审论文,能与其做得较好匹配的候选评审专家的数量很少,一旦这些候选专家由于潜在利益冲突规避而被排除后,

就使得分配给该待评审论文的其他评审专家的平均主题相似度相应降低，从而导致 $AMF_p(P)$ 受到更多损失。

图 9-8 显示了本章所提出的算法与 Greedy 算法和 Random 算法在平均规避效果 AAE 方面的对比。从图中可以看出，待评审论文与分配给其的评审专家间的利益冲突越大，则平均规避效果越差。总体来看，在考虑传播路径长度 $K=1$ 时，即只考虑直接的利益冲突关系时，本章所提出的算法与 Greedy 算法在 AAE 的表现相对较高，则说明两种方法都可以有效规避利益冲突。

由图 9-8 可以发现，当考虑 $K>1$ 时，即考虑间接的利益冲突时，Greedy 算法的 AAE 明显下降，而本章所提出的算法在该指标下波动很小。同时，K 值越大，Greedy 算法的 AAE 指标下降幅度越明显，而本章所提出的算法在该指标方面下降幅度很小。这说明考虑潜在利益冲突时，本章所提出算法的 AAE 会受到一定程度的损失；而考虑规避越多潜在的利益冲突关系时，即 K 相对较大时，相比于 Greedy 算法，本章所提出算法可将 AAE 指标保持在一个较高的水平，从而保证有效地规避利益冲突。根据上节的分析可知，一个可能的原因是，本章所提出算法通过损失部分主题相似度来减小匹配中的利益冲突程度，从而使得本章所提出算法的 AMF 有所降低，但是将 AAE 保持在较高的水平。

图 9-8(a)~(d) 分别反映从待评审论文和评审专家的角度考察 AAE 的变化情况。对比本章所提出算法在两种情况下的推荐，潜在利益冲突规避对 $AAE_R(R)$ 的损失比 $AAE_p(P)$ 更明显，即从评审专家角度考察的平均规避效果相对较差。结合实际情况可知，专家在领域内开展的研究越多，则可能与他人合著、工作的经历越丰富。这意味着他们比一般学者在领域内具有更多的合作关系，即更多的利益冲突关系。而学术会议的审稿委员会的评审专家一般是在相应学科领域内具有一定影响力的专家，所以他们与许多学者都有利益关系。相比学术会议审稿委员会的评审专家，待评审论文的作者大部分为该领域内的普通学者，他们仅与小部分的评审专家具有利益冲突关系。所以本章所提出的算法在待评审论文方面的 AAE 指标上的表现比评审专家方面更高。

图 9-8(a)，(b) 和 (c)，(d) 分别对应 $H=2$ 和 $H=3$。总体来看，本章所提出的算法在 $H=2$ 与 $H=3$ 时，在 AAE 方面都有较好的表现，即在两种情况下都能较好地做到规避利益冲突。同时，本章所提出的算法在 $H=2$ 时的表现稍好于 $H=3$，这说明，当一部分待评审论文的作者与许多评审专家都存在利益冲突关系时，指派给该待评审论文的评审专家越少，该分配含有的利益冲突程度越低，平均规避效果越好。

以一组学术会议的论文分配评审专家的实际任务为例，实验分析了不同参数对本章所提出的算法的分配结果的平均匹配适合度与平均规避效果的影响，并从待评审论文的角度及评审专家的角度，考察不同的约束条件对最终分配效果的影响情况。同时，实验将本章所提出的算法与其他方法进行比较，考察了本章所提出算法在利益冲突规避的效果。相比于 Greedy 算法，本研究提出的算法具有相对较好的效果。本章所提出的算法在论文与评审专家间的研究主题相似度损失较少的情况下，做到较好的作者与审稿专家的规避利益冲突。

9.5　本　章　小　结

　　本章构建了一个包含 357,827 位学者和 10,643 个科研机构的学术关系的实验数据集。该实验数据集从 ACM 的 Digital Library 数据库中整合学者发表论文情况、过往工作经历、学位论文及其归属的科研机构等信息。根据学者的学术活动，本章抽取学者之间的合著关系、同事关系、导师与学生关系，构建学者间的学术关系网络和科研机构间的学术关系网络。然后，根据时间、关系路径长度等约束条件，估计学者及科研机构间的潜在利益冲突关系及其强弱程度。在此基础上，提出一个基于学术关系网络的评审专家分配方法。该方法在满足最大化论文与评审专家的研究主题相似度的基本要求外，进一步最小化论文作者与评审专家之间潜在的利益冲突程度。该方法将评审专家分配过程建模为一个最优化问题，并通过分析最小费用最大流问题的思路，给出论文与评审专家的最优化分配方案。最终，在一个包含 482 篇论文和 905 位审稿人的分配任务中，通过对比其他不考虑潜在利益冲突关系的评审专家分配方法，从多组实验中验证了所提出的方法对规避潜在利益冲突关系的有效性。

第10章　融合主题重要性的评审组长及评审组员推荐模型

在以主题表示论文或专家知识结构的相关研究中较少考虑不同主题在学科背景下的重要性差别。为保证评审质量，对于待评审论文，应尽可能推荐对不同主题都相对较了解的评审专家。为此，本章将首先分析主题在学科中的出现频率，形成一种考虑"非均匀主题"的专家推荐优化模型。同时，Tang 等在文献(Tang, 2012)中提出，评审专家存在不同的级别：有的专家级别相对较高，而有的专家级别相对比较一般。基于以上考虑，本章将探讨如何实现包含一名资历相对较高的评审专家及多名评审员的专家组推荐。本章所提出的方法也可应用于推荐出包含有评审组长及评审组员的有关论文和项目审批的场景中。同时，本章也可做部分调整，以适用于包含有评审组长的人力资源、医疗保健、法律信息等场景的专家推荐中。

10.1　专家组推荐

假设待评审论文有 n 篇。专家库 R 中包含专家 m 人，即 $R=\{r_i\}_{i=1}^{m}$。专家 r_i 发表的论文集为 d_i，所有专家发表的文献共同组成文献集合 $D=\{d_i\}_{i=1}^{m}$。同时，每篇论文集 d_i 中有 h 个主题，构成向量 $\tau=\{t_i\}_{i=1}^{h}$。并且，各主题与专家的相关性为 $C_{ij}(i\in(1,m),j\in(1,h))$ 及主题与待评审论文的相关性为 $B_{ij}(i\in(1,n),j\in(1,h))$。同时，专家遴选系统还要考虑一些真实场景下的限制条件：每位专家评审的论文数量不超过 p，每篇待评审论文的专家评审人数不低于 q 等。本章中的所有符号如表 10-1 所示。

表 10-1　符号定义

m	专家库总人数
n	待评审论文数量
e	资历相对较高的评审专家库总人数
h	专家论文及待评审论文中提取的主题个数
p	每篇论文评审组的专家数量

q	每位专家可以评审的最多论文数量
$R = \{r_i\}_{i=1}^{m}$	专家库 R
$D = \{d_i\}_{i=1}^{m}$	专家论文共同组成的文献集
$\tau = \{t_i\}_{i=1}^{h}$	h 个主题组成的向量以表示专家论文集
B	$n \times h$ 矩阵，B_{ij} 表示主题 j 在论文 i 中出现的概率
C	$m \times h$ 矩阵，C_{ij} 表示主题 j 在专家 i 中出现的概率
$F = \{f_i\}_{i=1}^{h}$	h 个主题在特定学科中的概率分布
S	$n \times h$ 矩阵，表示考虑文档环境后论文与主题的相关性
B'	$n \times h$ 的 0-1 矩阵，$B'_{ij} = 1$ 表示主题 j 是论文 i 的突出主题
C'	$e \times h$ 的 0-1 矩阵，$C'_{ij} = 1$ 表示主题 j 是专家 i 的突出主题
X	$m \times n$ 的 0-1 矩阵，表示资历相对较高的评审专家和待评审论文的分配关系
Y	$m \times n$ 的 0-1 矩阵，表示评审组员和待评审论文的分配关系

10.2 考虑学科背景下主题重要性的专家推荐优化模型

10.2.1 整体思路

在模型构建中，本章以专家已发表的论文为基础数据，对待评审论文的主题重要性做出分析，并通过以下四个步骤实现专家组的推荐，具体流程如图 10-1 所示。

步骤 1 关于专家论文的主题分析：获取候选专家发表论文的文本，分析专家发表的论文的主题分布。

步骤 2 关于待评审论文及学科论文的主题分析：以候选专家库中专家发表论文的主题分布为依据，分析待评审论文的主题分布及学科整体环境中的主题分布。

步骤 3 突出主题的分析：以待评审论文的主题分布及学科整体环境中主题分布为依据，分析各个主题在待评审论文中是否为突出主题。

步骤 4 专家的分配与推荐：本章考虑如何针对多篇待评审论文做出专家组推荐。在推荐资历相对较高的评审专家时，要保证每个评审组仅有一个此类专家，且工作量不能过大。在推荐评审组员时，即要保证不能过多的论文分配给同一位专家，也要保证每篇论文都有一定数量的评审专家。因此，本章将分别建立优化框架，融合主题重要性，得到推荐的专家列表。

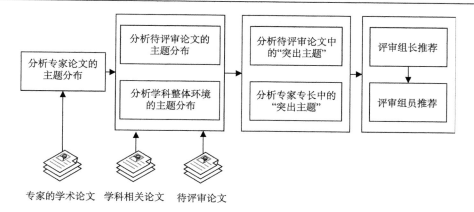

图 10-1　专家推荐过程

10.2.2　主题提取及主题重要度建模

（一）主题提取

评审专家推荐首先要保证所推荐的专家熟悉待评审论文的研究领域。本章假设待评审论文内容的最小单元是主题，且论文内容可表示为由主题组成的向量。为实现待评审论文内容和专家研究方向的匹配，本章首先从待评审论文以及专家论文集中提取主题。

假设专家 r_i 的论文集组成文档 d_i。θ_{d_i} 为 d_i 中 h 个主题的概率分布。m 位评审专家的论文集形成 $D=\{d_1,d_2,\cdots,d_m\}$。本章将利用 LDA 模型估计集合 D 的主题分布。根据 LDA，集合 D 的似然估计可用公式（10-1）表示：

$$\log p(D|\alpha,\beta) = \sum_{d_i \in D} \sum_{w \in d_i} c(w,d_i)\log\left(\sum_{z=1}^{h} p(w\,|\,z,\beta)\,p(z\,|\,d_i,\theta_{d_i})\right) \quad (10\text{-}1)$$

其中，α 和 β 为 LDA 的先验参数。$c(w,d_i)$ 是论文 d_i 中词语 w 的数量，$p(w\,|\,z,\beta)$ 是主题 z 生成词语 w 的概率，$p(z\,|\,d,\theta_{d_i})$ 是论文 d_i 包含主题 z 的概率。然后，本章利用吉布斯采样算法，估计 h 个主题在 d_i 的主题分布。

以候选评审专家的论文集合作为训练样本，LDA 算法可帮助获得 h 个主题及这些主题在集合 D 中的概率分布 C。然后，以待评审论文作为测试集，分析 h 个主题在待评审论文中的分布 B 及在学科环境下的分布 F_t。其中，学科环境由学术数据库中与该学科相关论文模拟。

（二）主题重要性建模

如前所诉，在某一特定学科范围内，出现频率较高的主题可能是较热门或较基础的内容。但对于某一篇特定待评审论文来说，若某一主题在学科中出现频率低，但在该论文中以较高的频率出现，则说明该主题与待评审论文有较密切的关系并且可能在论文中较为重要。因此，为保证待评审论文的评审质量，需要为小众主题安排更为专业的评审专家。

在一般情况下，若两个主题 t_1, t_2 在待评审论文 i 中出现概率 B_{it_1} 和 B_{it_2} 相同，则在学科范围内出现概率相对较小者标识该论文的能力较强，用数学符号可以表示为

$$若 \ B_{it_1} = B_{it_2}, \ 且 \ f_{t_1} < f_{t_2}, \ 则 \quad P_{it_1} > P_{it_2} \tag{10-2}$$

其中，f_{t_1} 和 f_{t_2} 分别为主题 t_1 和 t_2 在学科中出现的概率。P_{it_1} 和 P_{it_2} 分别为在学科环境中主题 t_1、t_2 与待评审论文 i 的相关性。根据上述假设，在学科中出现频率较高的主题应赋予较小的权重，反之赋予较大的权重。结合主题提取的结果，利用 TF-IDF 的思想，待评审论文 i 与主题 j 的相关性可定义为

$$P_{ij} = B_{ij} \times \log\left(\frac{1}{f_j}\right), \quad \forall i \in [1, n], \quad \forall j \in [1, h] \tag{10-3}$$

10.2.3 资历相对较高的评审专家推荐

在实际评审中，有时需要从几位评审专家中选出一位资历相对较高的评审专家。该专家对论文包含的各个领域均有涉猎，且具有相对较高的权威性。为此，本章选取 H 指数位于专家库前 10%的专家组成资历相对较高的评审专家库 R'，并假设其中专家数量为 e。

对于某特定待评审论文或专家论文，根据论文与主题的相关性矩阵，本章利用聚类算法分析 h 个主题与论文的相关度 s。然后，选取 s 值最低的一类主题为待评审论文中的不突出主题，其余主题为突出主题。在此基础上，本章建立 n 篇待评审论文与 h 个主题的 0-1 矩阵 B' 以及 e 位候选的资历相对较高的评审专家与 h 个主题的 0-1 矩阵 C'。其中，值为 0 的元素表示该主题在待评审论文或专家知识结构中不突出，值为 1 的元素表示该主题突出。假设专家 i 担任待评审论文 j 的资历相对较高的评审专家的条件是该论文的重要主题全部包括在该资历相对较高的评审专家的主要研究方向中，以数学符号可表示为

$$c'_{it} - b'_{jt} \geqslant 0, \quad \forall t \in [1, h] \tag{10-4}$$

本章假设资历相对较高的评审专家-待评审论文分配状况的 0-1 矩阵为 X，其中 $x_{ij} = 1$ 表示专家 i 被分配为担任待评审论文 j 的资历相对较高的评审专家。同时，在不少学术活动中，待评审论文数量较多而专家人数相对较少。若资历相对较高的评审专家的最大负荷为 p'，本章将建立优化方案，以期合理的分配资历相对较高的评审专家。由此，推荐方案可表示为

$$\max \sum R'^H X \tag{10-5}$$

$$\text{s.t.} \quad \text{C1}: \ x_{ij}\left(c'_i - b'_j\right) \geqslant 0, \quad \forall i \in [1, e], \quad \forall j \in [1, n]$$

$$\text{C2}: \sum_{i=1}^{e} x_{ij} = 1, \quad \forall j \in [1, n]$$

$$\text{C3}: \sum_{j=1}^{n} x_{ij} \leqslant p', \quad \forall i \in [1, e]$$

$$\text{C4}: x_{ij} \in \{0, 1\}, \quad \forall i \in [1, e], \quad \forall j \in [1, n]$$

其中，R'^H 为资历相对较高的评审专家库中专家的 H 指数。优化问题的输入包括专家主题矩阵、待评审论文主题矩阵、资历相对较高的评审专家的审核负担的限制数量，输出为评审组–待评审论文的分配矩阵 X。该优化方案保证了在满足多个限制条件情况下所推荐的资历相对较高的评审专家的 H 指数和最大。

10.2.4　评审组员推荐问题求解的优化模型

评审组员的优化推荐与资历相对较高的评审专家的推荐相独立。但针对某一篇待评审论文做评审组员推荐时，应从专家库中去除该篇论文的资历相对较高的评审专家，同时还需考虑到给组员出现在其他评审组中作为资历相对较高的评审专家的评审工作量。评审组员的推荐应包括以下限制条件。

（1）每一篇待评审论文有 p 位专家参与评审。

（2）每一位专家评审的论文数目不超过 q。

（3）专家与待评审论文的重要主题的相关性强。

（4）专家应尽可能多地覆盖待评审论文的各个主题。

（5）专家在待评审论文的重要主题的覆盖度应高于次重要主题。

优化方案的目标是 $\max \sum C_{mh} S_{nh}^{\mathrm{T}} Y_{mn}^{\mathrm{T}}$，即推荐的专家在待评审论文主题上的权威度的和最大。该优化问题的输入是专家向量、主题向量、每篇待评审论文的评审人数及每位专家的评审负荷，输出为待评审论文的所推荐专家的任务分配矩阵 Y_{mn}。$y_{ij} = 1$ 表示专家 i 被分配担任待评审论文 j 的评审成员。根据以上假设，评审组员推荐的优化方案可表示为

$$\max \sum C_{mh} S_{nh}^{\mathrm{T}} Y_{mn}^{\mathrm{T}} \tag{10-6}$$

$$\text{s.t.} \quad \text{C1}: \sum_{i=1}^{m} y_{ij} = p, \quad \forall j \in [1, n]$$

$$\text{C2}: \sum_{j=1}^{n} y_{ij} \leqslant q, \quad \forall i \in [1, m]$$

$$\text{C3}: y_{ij} \in \{0, 1\}, \quad \forall i \in [1, m], \quad \forall j \in [1, n]$$

10.3　实验设计与分析

实验需要两部分数据:其一是包括专家的个人信息、发文全文、H 指数、引用关系等的专家库数据;其二是待审论文集。由于现实条件的限制,本章无法获得真实的机构专家库数据和待评审论文信息。因此,本章利用论文数据库中的采样数据完成模型的试验。

10.3.1　数据集

本章选用 3.1.1 节介绍的包含信息管理与信息系统学科的万方数据集。该学科下的分支较多,涉及内容广泛,收集到的数据在万方数据库的子学科分类上囊括了哲学、教育、医学、水利工程等众多学科。而在现实情况中,期刊和会议通常有较为明确的学科范围。因此,依据万方数据库的学科标签,本章选择经济学类目下的相关论文,并构建了子数据集 A 和 B,分别包括 100 篇论文及 200 名专家和 300 篇论文及 400 名专家。

10.3.2　实验结果

本章首先运用吉布斯采样技术完成 LDA 中参数估计和预测的问题。实验中模型参数设置为:主题个数为 10,吉布斯采样迭代次为 1000,α 取 50/K(K 为预测所得的主题数),β 取 0.1。经过应用该模型,可以分析获选得到专家论文集中的 10 个主题。每个主题的概念可由所返回的最有可能出现的词及其出现概率表达。表 10-2 展示了其中两个主题及其特征词语。

表 10-2　专家论文集预测所得主题示例

主题例 1		主题例 2	
主题特征词	词语出现概率	主题特征词	词语出现概率
市场需求	0.038627	数据挖掘	0.029647
电子商务	0.026787	数据仓库	0.011381
知识管理	0.014947	时间序列	0.008571
信息资源	0.009028	客户关系管理	0.008571
指标体系	0.009028	聚类分析	0.007166
层次分析法	0.009028	信息熵	0.005761
多属性决策	0.006068	分类	0.005761
信息管理	0.006068	专家系统	0.005761
企业信息化	0.006068	关联规则	0.004356
知识流程外包	0.004588	个性化推荐	0.004356

然后,本章在数据集 A 和 B 中展开以分析考虑主题重要性的优化模型的效果。假设每篇论文分配的专家数为 p,且每位专家分配的论文数量不超过 q。表 10-3 为设定主题个数为 10 时针对某一篇论文的推荐专家的结果。

表 10-3 主题相关性

	1	2	3	4	5	6	7	8	9	10	H 指数
待评论文	0.02	**0.05**	0.02	**0.20**	0.02	**0.05**	0.02	**0.62**	0.02	0.02	—
资历较高专家	0.06	**0.14**	0.06	**0.12**	0.02	**0.10**	0.02	**0.40**	0.02	0.06	16
评审员 1	0.02	**0.25**	0.02	**0.13**	0.02	**0.17**	0.02	**0.33**	0.02	0.02	2
评审员 2	0.06	0.02	0.06	0.02	0.02	**0.10**	0.02	**0.66**	0.02	0.02	7
评审员 3	**0.10**	0.02	0.02	0.02	0.02	0.02	0.10	**0.66**	0.02	0.02	8
评审员 4	0.03	0.03	0.03	0.03	0.08	0.03	0.03	**0.58**	0.03	**0.18**	3

表中展示了待评审论文、资历相对较高的评审专家和 4 名评审员与 10 个主题的相关性,并列出了评审专家的 H 指数。其中,加粗的主题为突出主题。可以看出,几位评审员的突出主题覆盖了待评审论文的所有突出主题,且待评审论文的所有突出主题都被资历相对较高的评审专家的突出主题所覆盖。

表 10-4 展示了推荐结果中专家评审负荷的人数分布。

表 10-4 评审专家负荷量对比表

		评审 5 篇文章人数	评审 4 篇文章人数	评审 3 篇文章人数	评审 2 篇文章人数	评审 1 篇文章人数	评审专家总人数
数据集 A	$p=3$;$q=5$	20	8	16	39	42	125
	$p=5$;$q=5$	50	11	38	29	34	162
数据集 B	$p=3$;$q=5$	85	29	41	72	92	319
	$p=5$;$q=5$	222	32	46	42	40	382

10.3.3 检验及评价

在不少机器学习问题中,人工评判可能是模型评估较有效的方法。对于评审推荐问题,现有研究中人工评估模型可靠性的方法主要包括两类:①人工阅读文献,匹配合适的专家,并以此作为标准结果,计算推荐结果的召回率和准确率(Karimzadehgan, 2012);②请相关专家或用户根据已有评价标准对算法的推荐结果做出评估(Sun, 2008)。然而,人工选择和认可的最优结果常受限于标记人员的能力和知识范围。因此,人工标记的数据能否作为标准结果存在一定争议。此外,召回率和准确率并不能体现实验结果中不同重要程度的主题的差异。为此,本节提出几种评价指标来定性评估和比较不同模型的性能。

（一）评价指标定义

（1）平均覆盖率 avc：专家所擅长的主题占评审论文中所有主题的比例。该指标可来衡量模型所推荐的评审组对该论文的总体评审能力。指标定义如下所示：

$$\text{avc} = \frac{h_A}{h} \tag{10-7}$$

其中，h_A 为该待评审论文被覆盖的主题的数量，h 为论文的主题总数。如果一篇待评审论文的突出主题包含在任意一位评审专家的突出主题中，则认为该主题已被覆盖。

（2）主题人均审核率 avn：平均每一个主题被覆盖的频次占一篇论文的评审组总人数的比例。该指标用以从主题的角度评估论文被审核的效果。理想的结果是待评审论文中重要主题的人均审核率高，甚至接近 1，这表明该待评审论文的所有评审专家在重要主题上都具有评审能力。指标定义如下所示：

$$\text{avn} = \frac{\sum n_{A'}}{n \times h \times p} \tag{10-8}$$

其中，$n_{A'}$ 为某一待评审论文中所有主题被覆盖的总频次，n 为待评审论文的总数，h 为论文中的主题数量，p 为每篇待评审论文的评审组人数。

（3）考题重要性的匹配度 cor_s：评审专家在各个主题上的专业水平与待审文献各主题重要性的斯皮尔曼相关系数。该指标用于衡量待评审论文中较重要的主题是否得到优先分配，定义如下所示：

$$\text{cor}_s = \frac{\sum r_s}{m \times n} \tag{10-9}$$

$$r_s = 1 - \frac{6\sum_{i=1}^{h} d_i^2}{h(h^2 - 1)} \tag{10-10}$$

其中，r_s 为待评审论文与评审专家关于主题分布的斯皮尔曼相关系数，d 为待评审论文和评审专家的主题向量的秩次差。cor_s 值高则说明待评审论文中的重要主题相对于次重要主题可分配到更多资源。

（二）对比算法

本章选取未考虑主题重要性差别的均匀主题优化模型和考虑主题重要性差别的非均匀主题贪心算法作为对比模型，检验不同模型针对同一数据集的推荐效果。均匀主题模型采用优化算法实现专家和待评审论文间的匹配，但不区分同一待评审论文中不同主题的重要性。而贪心算法推荐模型利用贪心算法的原理完成专家推荐，具体步骤如下。

（1）利用主题模型提取专家及待评审论文的主题分布 $B_{nt}^{\text{Greedy}}, R_{mt}^{\text{Greedy}}$。

（2）依据非均匀主题模型计算主题的重要性并形成新的专家及待评审论文主题分布矩阵 $B_{nt}^{\text{Greedy}'}, R_{mt}^{\text{Greedy}'}$。

（3）建立循环，计算第 $i\,(i \in [1,n])$ 篇待评审论文与全部 m 位候选专家的相关度。

（4）将 m 位专家按与第 i 篇待评审论文的相关度排序，为每篇待评审论文选择出相关度最高的前 p 个专家，同时将被选择的专家的负担数加 1。

（5）每完成 1 篇待评审论文的专家分配后，检验专家集中所有专家的负担值是否小于 q，否则将负担值等于 q 的专家从专家集中去除。

（6）n 次循环后完成 m 位专家对 n 篇待评审论文的分配。

（三）实验结果及分析

1）非均匀主题模型与均匀主题模型的比较分析

图 10-2 和图 10-3 为三种模型在数据集 A 中以 $p=3, q=5$ 的方式分配评审专家时的实验结果。由图 10-2 和图 10-3 可以看出，非均匀主题的两个算法较均匀主题的算法在平均覆盖率(avc)和人均审核率(avn)两个指标上具有显著优势。由此得出，经过主题非均匀化处理的模型可以更好地完成评审专家对待评审论文的分配任务。

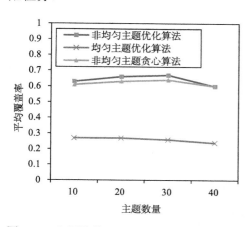 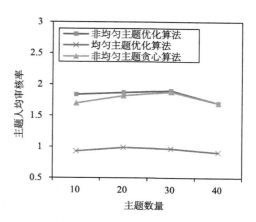

图 10-2　主题数量对平均覆盖率 avc 的影响　　　图 10-3　主题数量对平均审核人次 avn 的影响

2）模型中的变量对实验结果的影响分析

主题数量 h 是主题提取过程中需要设定的。从图 10-2 和图 10-3 可以看出，两种非均匀算法均在 $h=30$ 时取得最佳结果，但主题数量的改变对实验结果的影响不大。以往也有研究主题数量对实验结果的影响，但不同研究中得到的表现最好的主题数量不尽相同。这里认为主题数量对模型结果的影响可能与数据集有关。

图 10-4 和图 10-5 中分别展示了三种分配方式在数据集 B 中的实验结果。其中以 $p=5$，$q=5$ 分配时覆盖率和审核率更高，这是因为评审专家数量的增加将可能影响评审的质量。此时每篇待评审论文中有更多主题被审核，并且每个主题接受的审核人次也相对较多。

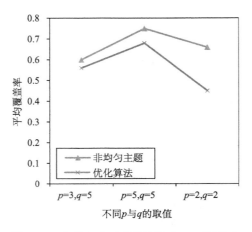 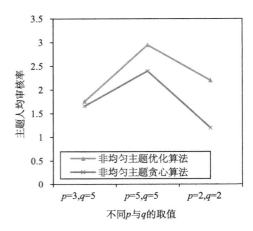

图 10-4　分配方式对平均覆盖率 avc 的影响　　图 10-5　分配方式对平均审核人次 avn 的影响

3）优化算法与贪心算法的比较分析

图 10-2 和图 10-3 中非均匀主题的优化算法与贪心算法在覆盖率、审核率两项指标上差距不大，其主要原因是该数据集中专家人数相对于评审需求较为充足。因此，即便贪心算法的每轮循环都"贪心"地选出当前最合适的专家，也不会对整体结果产生显著影响。然而分析图 10-4、图 10-5 可知，随着待评审论文对评审专家人数的需求增加，如 $p=5$，$q=5$ 时，优化算法的优势得以凸显。为了突出各个算法的差异，实验在数据库 B 中增加一种分配方式 $p=2$，$q=2$。从图 10-4、图 10-5 可以发现，在该条件中，两种算法的差距进一步加大。这说明，当专家库规模有限时，优化算法相较于贪心算法更有利于实现资源的最优配置。

图 10-6 表示了不同算法与数据集在相关性 cor 上的比较。从图 10-6 中可以看出，两种算法在相关系数 cor 这一指标上的差距较大，且系数变化主要受数据集影响，而与分配方案无关。在数据集 A 中，优化算法推荐出的专家主题向量与待评审论文主题向量的相关系数为 0.40，而贪心算法的相关系数只有 0.12。贪心算法在相关系数上表现不佳，不适用于考虑主题重要性的专家分配任务。此外，由于贪心算法在每一次循环中直接选择适合评审当前论文的最优专家，因此论文的循环顺序也会对推荐结果产生一定影响，这导致贪心算法存在较大不稳定性，并

成为其应用受限的一个主要原因。

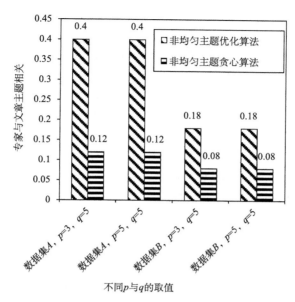

图 10-6　不同算法与数据集在主题相关性 cor 上的比较

10.4　本 章 小 结

　　本章提出了非均匀主题重要度的专家推荐优化模型，实现为多篇待审文献推荐评审专家。该模型考虑了待评审论文的主题重要度在学科环境中的差异，并在优化模型中综合考虑专家与待评审论文主题的相关程度、待评审论文的被评审人次最低要求、专家的评审负荷等因素。最终，针对每篇待评审论文形成由一名资历相对较高的评审专家和多名评审员构成的评审组。

　　为检验模型的有效性，本章比较所提出的模型与其他两种模型的推荐结果。结果发现，经过非均匀化处理后的模型在覆盖率和人均审核率上均有明显优势。在专家资源较为充足时，优化算法与贪心算法的结果差别不大，但随着待评审论文所要求的专家数量增加，优化算法的优势逐渐突出。在相关系数方面，优化算法始终表现出较高相关性，而贪心算法表现较差。

第 11 章 结论与展望

本书主要内容包括：首先，对专家发现相关问题的定义、起源进行了追溯，并有针对性地给出了本书所要研究问题的定义；然后，对近些年学术界关于专家发现的研究进行了梳理，总结出一个较为清晰的脉络；最后，对作者关于专家推荐的一些研究成果进行了较为详尽的展示。

作为全书的最后一章，本章对所做工作做出总结，讨论专家发现等相关模型算法在具体工程实现中需要注意的问题，并对当前专家发现的不足进行分析，将专家发现这一领域的外延进行扩充，讨论了当前哪些问题可以利用专家发现的有关方法展开分析。

11.1 当前工作的贡献

本书关于专家推荐的创新性工作主要可以总结为以下几个部分。

(一)对信息管理与信息系统领域交叉学科的探究

鉴于信息管理与信息系统自身的学科特点，通过利用语义主题模型，将文献中的知识表征为主题，将主题间的关系通过论文与主题分布概率、主题与词汇分布概率、主题与作者分布概率来建立语义上的关联，并基于主题同被引和主题相似度实现对文献内容的知识聚合，利用了文献的显性内容，探究了信息管理与信息系统这一学科知识结构及学科研究特点。

(二)学术论文引用预测及影响因素分析

梳理得到了作者、期刊和论文三类可能与引用预测有关的影响因素，以情报学与图书馆学研究方向的论文和期刊数据展开研究，并测试一系列机器学习方法分析各因素论文引用的关系。在此基础上，首次利用 GBDT 梳理出论文引用预测的影响因素作用强度排序，本研究发现：①时间间隔越长，论文的被引情况就越趋于稳定；②集成学习算法能很好地应用于论文引用预测中；③作者相关的影响因素和论文相关的影响因素比期刊相关的影响因素对论文引用预测的影响更大。

(三)利用多维特征来进行专家推荐

利用专家已发表论文分析专家知识，通过对待评审论文的主题覆盖程度来判断专家与待评审论文的匹配度,并根据论文引用关系建立引文网络,然后根据作者关系生成作者引用网络,在网络上使用随机游走算法,融入专家知识及发文时间等因素来推断专家的权威度,对专家进行建模。此外,本书描述的模型还考虑到专家研究的实际,如在学术研究中,专家的研究兴趣可能会随着时间产生变化。因此,通过自动提取专家的兴趣趋势,对其研究兴趣趋势的上升、平稳和下降趋势进行识别和标注,将专家兴趣趋势融入到专家的建模过程中,提高了推荐结果的合理性。

(四)利用学科信息对专家兴趣建模

在对信息管理与信息系统的学科特点进行充分地研究后,本研究利用学术数据库中广泛存在的专家的学科信息,对专家的研究兴趣进行建模,构造了 AST 模型。引入学科层的主要目的在于考虑到信息管理与信息系统内专家的研究兴趣较为宽泛,因此传统的 AT 模型较难获得精确的专家主题特征。引入的学科层次起到了一个预聚类的作用,可以先把专家发现的学科层面的文章聚合在一起,然后再利用学科类型相同的文章获得主题信息。这样获得的主题信息则更为精确,可以更好地用来代表专家的研究兴趣。

(五)考虑利益冲突的专家推荐

在分析评审专家与待评审论文间的现实需求中,本研究构建了学术关系网络,并根据多种约束条件抽取学者间的潜在利益冲突关系。这些潜在利益冲突关系可以应用于不同的专家推荐问题建模,为利益冲突侦测研究提供了新的思路。同时,本研究提出了一个考虑合理性和公平性的评审者分配方法,最小化论文作者与待评审专家的利益冲突程度,以及最大化论文与评审专家的研究主题相似度。

(六)考虑评审组长及评审组员的推荐

论文评审时,有时候需要对每篇待评审论文形成由一名资历相对较高的评审专家和多名评审员构成的评审组。针对为多篇待审文献推荐评审专家组的现实要求,本研究提出了非均匀主题重要度的专家推荐优化模型。非均匀主题重要度主要考虑待评审论文的主题分布在学科环境中的差异。根据非均匀主题重要度这一思想,本研究综合考虑评审专家的相对资历、专家与待评审论文主题的相关程度、待评审论文的被评审人次最低要求、专家的评审负荷等因素,以优化推荐效果。

11.2　工程实践中的注意事项

(一)专家信息预处理

由于专家信息的来源复杂且具有多样性,因此需要对不同来源的数据进行归并和简历索引,这部分工作引出两个专家推荐中需要重点考虑的问题。

(1)实体识别问题。鉴于相同名字的专家在不同的数据源中可能指代不同的个体。因此,如何能够准确地将相同名字的专家进行区分,是实际专家推荐系统中需要考虑的问题。在实践中,较为常用的办法是对不同的实体信息再附加一层领域知识以进行区分。如在 ArnetMiner 数据集中(Tang, 2008),考虑了实体之间的五种不同的关系类型,以区分不同的实体。

(2)不同来源数据的权重问题。例如,P@noptic 采用了一种较为简单的办法,即将不同来源的文档合并为专家的一篇文档信息(Craswell, 2011)。这种方式较为简单,但却不能很好地挖掘专家的内在信息。INDURE 检索系统则对不同的数据源各建立索引,然后从不同索引召回信息,利用不同的权重组合进行排序评分(Fang, 2011)。

(二)交互式设计

正如传统的文档检索一样,专家检索也不是一蹴而就的任务。帮助用户更好地发现自身需求,更好地组织检索信息是专家检索系统能否成功的关键之一。比如,INDURE 检索系统提供如只检索某一个指定学院专家的高级检索功能;微软的学术搜索可以指定某一学术领域内的专家检索等;T-RecS 系统利用 wikipedia 实现检索词到主题的映射,并提供给用户一些有关专家领域描述的短语(Datta, 2011);同时,还有一些系统利用可视化技术来展现合作者、被引关系、领域的研究趋势等内容。这都会极大地提升用户体验的满意程度。

(三)数据规模和实效性

当前大部分专家推荐系统重在强调有效性,即推荐的专家顺序是否准确。然而,随着数据规模的逐渐扩大,时效性越来越成为衡量一个专家推荐系统好坏的重要指标之一。

对专家推荐系统来说,时效性主要包含两点内容:一是能否迅速推荐出新进入系统的专家,二是如何缩短系统的响应时间。针对第一个问题,较多的是采用流时计算的方式(storm),以不停地对新进入系统的专家信息进行处理。针对第二个问题,较为常用的方式是尽量采用线下训练模型、线上利用模型进行预测的模式。如 ArnetMiner(Tang, 2008) 在离线系统中采用 MapReaduce 的方式对主题模型进行训练，并利用线下训练好的模型在线上进行预测任务。

11.3　当前专家推荐工作的局限性和未来展望

当前本书内容的重点仍集中在传统学术领域的专家推荐工作中。然而，从实际场景中抽象出来，专家发现可以定义为计算某种元数据与其周围文本信息的相关程度。在专家推荐领域，这种元数据则可以限定为<person>…</person>的形式。因此，在本书的结尾，本研究引入实体推荐的概念(entity recommendation)，即利用结构化或半结构化数据，快速准确地推荐出各种实体以及相关信息。而专家推荐只是一种特殊的实体—人。更广义地说，更多类型的在文档中提到的实体类型都可以如专家推荐一样被推荐出去，如 Blog 推荐、Wikipedia 的网页推荐等。

作为信息检索领域的一个分支，专家推荐在 21 世纪的前 10 年中获得了长足的发展和巨大的成功。本书追根溯源，首先分析了相关领域中的专家推荐问题；然后，对信息管理和信息系统领域展开分析，对如何利用自动化技术发现专家进行了全方位的阐述；接着，本书对作者团队近三年内有关模型、算法、评测方面的一些新成果进行了分享；最后，本书认为专家推荐属于实体推荐的一个分支，并拓展了专家推荐技术的适用范围，扩大了这一领域的影响力。

参 考 文 献

陈仕吉, 史丽文, 左文革. 2013. 基于 ESI 的学术影响力指标测度方法与实证. 图书情报工作, 57(2): 97-102.

陈媛, 樊治平, 谢美萍. 2009. 科研项目同行评议专家水平的评价研究. 科学学与科学技术管理, 30(10): 38-42.

何金凤. 2008. 基于中文信息检索的文本预处理研究. 电子科技大学.

胡斌, 徐小良. 2012. 科技项目评审专家推荐系统模型. 电子科技, 25(7): 1-5.

胡艳丽, 白亮, 张维明. 2012. 一种话题演化建模与分析方法. 自动化学报, 38(10): 1690-1697.

黄长著. 2017. 关于建立情报学一级学科的考虑. 情报杂志, 36(5): 6-8.

蒋凯, 关佶红. 2011. 基于重启型随机游走模型的图上关键字搜索. 计算机工程, 37(3): 42-43, 46.

李明, 刘鲁, 王君, 等. 2009. 基于模糊文本分类的多知识领域专家推荐方法. 北京航空航天大学学报, 35(10): 1254-1257.

李湘东, 张娇, 袁满. 2014. 基于 LDA 模型的科技期刊主题演化研究. 情报杂志, 33(7): 115-121.

刘大有, 齐红, 薛锐青. 2012. 基于作者权威值的论文价值预测算法. 自动化学报, 38(10): 1654-1662.

刘军. 2004. 社会网络分析导论. 北京: 社会科学文献出版社.

刘林青. 2005. 范式可视化与共被引分析: 以战略管理研究领域为例. 情报学报, 24(1): 20-25.

刘明. 2003. 同行评议刍议. 科学研究, (6): 574-580.

刘一星, 梁山. 2010. 基于改进 ATSVM 算法的评审专家自动推荐模型. 重庆科技学院学报(自然科学版), 12(1): 134-136.

刘则渊. 2008. 科学知识图谱方法与应用. 北京: 人民出版社.

马费成, 宋恩梅. 2006. 我国情报学研究分析: 以 ACA 为方法. 情报学报, 25(3): 259-268.

倪卫杰. 2010. 基于用户兴趣模型的个性化论文推荐系统研究. 天津大学.

潘现伟, 杨颖, 崔雷. 2014. 基于内容相似性的科技论文网络的构建及其属性的初步分析. 情报理论与实践, 37(3): 129-133.

石林宾. 2014. 基于主题分析的评审专家推荐方法研究. 昆明理工大学.

苏芳荔. 2011. 科研合作对期刊论文被引频次的影响. 图书情报工作, 55(10): 144-148.

王菲菲, 邱均平, 余凡, 等. 2014. 信息计量学视角下的数字文献资源语义化关联揭示. 图书情报工作, 58(7): 12-18.

文庭孝, 刘晓英, 梁秀娟, 等. 2010. 知识计量研究综述. 图书情报知识, (1): 95-101.

徐志英. 2014. 科学文章同行评议研究进展. 中国科技期刊究, 25(11): 1355-1359.

叶鹰. 2009. 一种学术排序新指数-f 指数探析. 情报学报, 28(1): 142-165.

余峰, 余正涛, 杨剑锋, 等. 2014. 基于主题信息的项目评审专家推荐方法. 计算机工程, 40(6): 201-205.

俞琰, 邱广华. 2012. 用户兴趣变化感知的重启动随机游走推荐算法研究. 现代图书情报技术, (4): 48-53.

张德全, 吴果林, 刘登峰. 2009. 最短路问题的 Floyd 加速算法与优化. 计算机工程与应用, 45(17): 41-43.

张美平, 尚明生. 2015. 基于持续关注度衰减的重要论文预测. 复杂系统与复杂性科学, 12(3): 77-84.

张学梅. 2007. h_m 指数——对 h 指数的修正. 图书情报工作, 51(10): 116-118.

张艳. 2011. 个性化用户兴趣模型的研究. 软件导刊, 10(12): 29-32.

赵雪芹. 2015. 知识聚合与服务研究现状及未来研究建议. 情报理论与实践, 38(2): 132-135.

Abdi H. 2010. Coefficient of variation. In Neil Salkind. Encyclopedia of Research Design Thousand Oaks, CA: Sage: 169-171.

Ackerley N, Eyraud J, Mazzotta M. 2007. Measuring conflict of interest and expertise on FDA advisory committees. U. S. Food and Drug Administration.

Acuna D E, Allesina S, Kording K P. 2012. Future impact: predicting scientific success. Nature, 489(7415): 201-202.

Adusumilli P S, Chan M K, Ben Porat L, et al. 2005. Citation characteristics of basic science research publications in general surgical journals. Journal of Surgical Research, 128(2): 168-173.

Ahmed M N, Yamany S M, Mohamed N, et al. 2002. A modified fuzzy c-means algorithm for bias field estimation and segmentation of MRI data. IEEE Transactions on Medical Imaging, 21(3): 193-199.

Aksnes D W. 2003. Characteristics of highly cited papers. Research Evaluation, 12(3): 159-170.

Aksnes D W, Sivertsen G. 2004. The effect of highly cited papers on national citation indicators. Scientometrics, 59(2): 213-224.

Aleman-Meza B, Nagarajan M, Ramakrishnan C, et al. 2006. Semantic analytics on social networks: experiences in addressing the problem of conflict of interest detection. Proceedings of the 15th International Conference on World Wide Web(WWW '06): 407-416.

Alonso S, Cabrerizo F, Herrera-Viedma E, et al. 2009. Hg-index: a new index to characterize the scientific output of researchers based on the h-and g-indices. Scientometrics, 82(2): 391-400.

Anggraini R N E. 2012. Conflict of interest(COI) detector in reviewer recommendation system using potential friendship finder. Taiwan University of Science and Technology.

Annalingam A, Damayanthi H, Jayawardena R, et al. 2014. Determinants of the citation rate of medical research publications from a developing country. Springerplus, 3(1): 1-6.

Antoniou G A, Antoniou S A, Georgakarakos E I, et al. 2015. Bibliometric analysis of factors predicting increased citations in the vascular and endovascular literature. Annals of Vascular Surgery, 29(2): 286-292.

Ayres I, Vars F E. 2000. Determinants of citations to articles in elite law reviews. Journal of Legal Studies, 29: 427-450.

Balog K, Azzopardi L, M de R. 2006. Formal models for expert finding in enterprise corpora. Proceedings of the 29th Annual International ACM SIGIR Conference on Research and Development in Information Retrieval(SIGIR '06): 43-50.

Balog K, Azzopardi L, M de R. 2009. A language modeling framework for expert finding. Information Processing & Management, 45(1): 1-19.

Balog K, Bogers T, Azzopard L, et al. 2007. Broad expertise retrieval in sparse data environments. Proceedings of the 30th Annual International ACM SIGIR Conference on Research and Development in Information Retrieval(SIGIR '07): 551-558.

Balog K, Fang Y, Rijke M, et al. 2012. Expertise retrieval. Foundations and Trends in Information Retrieval, 6(2/3): 127-256.

Balog K, de Rijke M. 2007. Determining expert profiles(with an application to expert finding). Proceedings of the 20th International Joint Conference on Artifical Intelligence(IJCAI'07): 2657-2662.

Balog K, de Rijke M. 2007. Finding similar experts. Proceedings of the 30th Annual International ACM SIGIR Conference on Research and Development in Information Retrieval(SIGIR '07): 821-822.

Balog K. 2008. People search in the enterprise. SIGIR Forum, 42: 103.

Becerra-Fernandez I. 2006. Searching for experts on the web: a review of contemporary expertise locator systems. ACM Transactions on Internet Technology, 6(4): 333-355.

Beel J, Gipp B. 2009. Google scholar's ranking algorithm: the impact of citation counts(an empirical study). Proceedings of the 6th International Conference on Information Technology: New Generations: 439-446.

Bennett J, Lanning S. 2007. The netflix prize. Proceedings of KDD Cup and Workshop: 1-4.

Bergstrom C. 2007. Eigenfactor: measuring the value and prestige of scholarly journals. College & Research Libraries News, 68(5): 314-316.

Bhandari M, Busse J, Devereaux P J, et al. 2007. Factors associated with citation rates in the orthopedic literature. Canadian Journal of Surgery, 50(2): 119-123.

Bhat H S, Huang L H, Rodriguez S, et al. 2015. Citation prediction using diverse features. IEEE International Conference on Data Mining Workshop: 589-596.

Bhat M H. 2009. Effect of peer review on citations in the open access environment. Library Philosophy and Practice: 1-6.

Biscaro C, Giupponi C. 2014. Co-authorship and bibliographic coupling network effects on citations. PLOS One, 9(6): E99502.

Blei D M, Lafferty J D. 2007. A correlated topic model of science. The Annals of Applied Statistics, 1(1): 17-35.

Blei D M, Ng A Y, Jordan M I. 2003. Latent dirichlet allocation. Journal of Machine Learning Research, 3(1): 993-1022.

Bornmann L, Daniel H D. 2007. Multiple publication on a single research study: does it pay? The influence of number of research articles on total citation counts in biomedicine. Journal of the American Society for Information Science and Technology, 58(8): 1100-1107.

Bornmann L, Daniel H D. 2010. Citation speed as a measure to predict the attention an article receives: an investigation of the validity of editorial decisions at angewandte chemie international edition. Journal of Informetrics, 4(1): 83-88.

Bornmann L, Leydesdorff L, Wang J. 2014. How to improve the prediction based on citation impact percentiles for years shortly after the publication date?. Journal of Informetrics, 8 (1): 175-180.

Bornmann L, Schier H, Marx W, et al. 2012. What factors determine citation counts of publications in chemistry besides their quality?. Journal of Informetrics, 6 (1): 11-18.

Bornmann L, Williams R. 2013. How to calculate the practical significance of citation impact differences? An empirical example from evaluative institutional bibliometrics using adjusted predictions and marginal effects. Journal of Informetrics, 7 (2): 562-574.

Bosquet C, Combes P P. 2013. Are academics who publish more also more cited?. Individual determinants of publication and citation records. Scientometrics, 97 (3): 831-857.

Brody T, Harnad S, Carr L. 2006. Earlier web usage statistics as predictors of later citation impact. Journal of the Association for Information Science and Technology, 57 (8): 1060-1072.

Buckley C, Voorhees E M. 2004. Retrieval evaluation with incomplete information. Proceedings of the 27th Annual International ACM SIGIR Conference on Research and Development in Information Retrieval (SIGIR '04): 25-32.

Buela-Casal G, Zych I. 2010. Analysis of the relationship between the number of citations and the quality evaluated by experts in psychology journals. Psicothema, 22 (2): 270-276.

Buter R K, van Raan A F J. 2011. Non-alphanumeric characters in titles of scientific publications: an analysis of their occurrence and correlation with citation impact. Journal of Informetrics, 5 (4): 608-617.

Cabanac G. 2011. Accuracy of inter-researcher similarity measures based on topical and social clues. Scientometrics, 87 (3): 597-620.

Callaham M, Wears R L, Weber E. 2002. Journal prestige, publication bias, and other characteristics associated with citation of published studies in peer-reviewed journals. Jama, 287 (21): 2847-2850.

Campbell C S, Maglio P P, Cozzi A, et al. 2003. Expertise identification using email communications. Proceedings of the 12th International Conference on Information and Knowledge Management (CIKM '03): 528-531.

Cao Y, Liu J, Bao S, et al. 2005. Research on expert search at enterprise track of TREC 2005. Proceedings of the Text Retrieval Conference (TREC '05): 2-5.

Cerovšek T, Mikoš M. 2014. A comparative study of cross-domain research output and citations: research impact cubes and binary citation frequencies. Journal of Informetrics, 8 (1): 147-161.

Chakraborty T, Kumar S, Goyal P, et al. 2014. Towards a stratified learning approach to predict future citation counts. Proceedings of the 14th ACM/IEEE-CS Joint Conference on Digital Libraries (JCDL '14): 351-360.

Charlin L, Zemel R S. 2013. The Toronto paper matching system: an automated paper-reviewer assignment system. ICML Workshop on Peer Reviewing and Publishing Models: 1-9.

Chen C Y. 2009. Conflict of interest detection in incomplete collaboration network via social interaction. Taiwan University of Science and Technology.

Chen C. 2011. Predictive effects of structural variation on citation counts. Journal of the American Society for Information Science and Technology, 63 (3): 431-449.

Chua A Y, Yang C C. 2008. The shift towards multi-disciplinarity in information science. Journal of the American Society for Information Science and Technology, 59(13): 2156-2170.

Collet F, Robertson D A, Lup D. 2014. When does brokerage matter? Citation impact of research teams in an emerging academic field. Strategic Organization, 12(3): 157-179.

Costas R, Bordons M, van Leeuwen T N, et al. 2009. Scaling rules in the science system: influence of field-specific citation sharacteristics on the impact of individual researchers. Journal of the American Society for Information Science and Technology, 60(4): 740-753.

Craswell N, Hawking D, Vercoustre A M, et al. 2001. P@ noptic expert: searching for experts not just for documents. Ausweb Poster Proceedings: 21-25.

Craswell N, Vries de A P, Soboroff I. 2005. Overview of the TREC 2005 enterprise track. Text Retrieval Conference(TREC): 1-7.

Datta A J, Yong T T, Ventresque A. 2011. T-RecS: team recommendation system through expertise and cohesiveness. Proceedings of the 20th International Conference Companion on World Wide Web(WWW '11): 201-204.

Daud A, Li J, Zhou L, et al. 2010. Temporal expert finding through generalized time topic modeling. Knowledge-Based Systems, 23(6): 615-625.

Davenport T H, Prusak L. 1998. Working Knowledge: How Organizations Manage What They Know. Boston: Harvard Business Press.

David Stuart D, Ke S W, Lin W C, et al. 2014. Citation impact analysis of research papers that appear in oral and poster sessions. Online Information Review, 38(6): 738-745.

Davletov F, Aydin A S, Cakmak A. 2014. High impact academic paper prediction using temporal and topological features. Proceedings of the 23rd ACM International Conference on Information and Knowledge Management(CIKM '14): 491-498.

Deerwester S, Dumais S T, Furnas G W, et al. 1990. Indexing by latent semantic analysis. Journal of the American Society for Information Science, 41(6): 391.

Didegah F, Thelwall M. 2013. Determinants of research citation impact in nanoscience and nanotechnology. Journal of the American Society for Information Science and Technology, 64(5): 1055-1064.

Dom B, Eiron I, Cozzi A, et al. 2003. Graph-based ranking algorithms for e-mail expertise analysis. Proceedings of the 8th ACM SIGMOD Workshop on Research Issues in Data Mining and Knowledge Discovery(DMKD '03): 42-48.

Dong Y, Johnson R A, Chawla N V. 2015. Will this paper increase your h-index?. Scientific Impact Prediction: 149-158.

Dong Y, Johnson R A, Chawla N V. 2016. Can scientific impact be predicted?. IEEE Transactions on Big Data, 2(1): 18-30.

Dumais S T, Nielsen J. 1992. Automating the assignment of submitted manuscripts to reviewers. Proceedings of the 15th Annual International ACM SIGIR Conference on Research and Development in Information Retrieval(SIGIR '92): 233-244.

Egghe L. 2006. Theory and practise of the g-index. Scientometrics, 69(1): 131-152.

Ehrlich K, Lin C Y, Griffiths-Fisher V. 2007. Searching for experts in the enterprise: combining text and social network analysis. Proceedings of the 2007 International ACM Conference on Supporting Group Work: 117-126

Falagas M E, Zarkali A, Karageorgopoulos D E, et al. 2013. The impact of article length on the number of future citations: a bibliometric analysis of general medicine journals. PLOS One, 8(2): E49476.

Fang Y, Si L, Mathur A P. 2010. Discriminative models of integrating document evidence and document-candidate associations for expert search. Proceedings of the 33rd International ACM SIGIR Conference on Research and Development in Information Retrieval: 683-690.

Fang Y, Somasundaram N, Si L, et al. 2011. Analysis of an expert search query log. Proceedings of the 34th International ACM SIGIR Conference on Research and Development in Information Retrieval(SIGIR '11): 1189-1190.

Farshad M, Sidler C, Gerber C. 2013. Association of scientific and nonscientific factors to citation rates of articles of renowned orthopedic journals. European Orthopaedics and Traumatology, 4(3): 125-130.

Filion K B, Pless I B. 2008. Factors related to the frequency of citation of epidemiologic publications. Epidemiologic Perspectives and Innovations, 5(1): 3.

Friedman J H. 2001. Greedy function approximation: a gradient boosting machine. Annals of Statistics, 29(5): 1189-1232.

Fu L D, Aliferis C F. 2010. Using content-based and bibliometric features for machine learning models to predict citation counts in the biomedical literature. Scientometrics, 85(1): 257-270.

Fu Y, Xiang R, Liu Y, et al. 2007. Finding experts using social network analysis. Proceedings of the IEEE/WIC/ACM International Conference on Web Intelligence(WI '07): 77-80.

Garfield E. 1955. Citation indexes for science: a new dimension in documentation through association of ideas. Science, 122(3159): 108-111.

Garfield E. 2006. The history and meaning of the journal impact factor. Jama, 295(1): 90.

Garner J, Porter A L, Newman N C. 2014. Distance and velocity measures: using citations to determine breadth and speed of research impact. Scientometrics, 100(3): 687-703.

Gazni A, Thelwall M. 2014. The long-term influence of collaboration on citation patterns. Research Evaluation, 23(3): 261-271.

Gehrke J, Ginsparg P, Kleinberg J. 2003. Overview of the 2003 KDD cup. ACM SIGKDD Explorations Newsletter, 5(2): 149-151.

Geiger D, Schader M. 2014. Personalized task recommendation in crowdsourcing information systems-current state of the art. Decision Support Systems, 65: 3-16.

Gollapalli S D, Mitra P, Giles C L. 2011. Ranking authors in digital libraries. Proceedings of the 11th Annual International ACM/IEEE Joint Conference on Digital Libraries(JCDL '11): 251-254.

Gollapalli S D, Mitra P, Giles C L. 2013. Ranking experts using author-document-topic graphs. Proceedings of the 13th ACM/IEEE-CS Joint Conference on Digital Libraries(JCDL '13): 87-96.

Griffiths T L, Steyvers M. 2004. Finding scientific topics. Proceedings of the National Academy of Sciences, 101(S1): 5228-5235.

Guerrero-Bote V P, Moya-Anegón F. 2014. Relationship between downloads and citations at journal and paper levels, and the influence of language. Scientometrics, 101 (2): 1043-1065.

Haas D, Ansel J, Gu L, et al. 2015. Argonaut: macrotask crowdsourcing for complex data processing. Proceedings of the Very Large Database Endowment, 8 (12): 1642-1653.

Han S, Jiang J, Yue Z, et al. 2013. Recommending program committee candidates for academic conferences. Proceedings of the 2013 Workshop on Computational Scientometrics: Theory & Applications: 1-6.

Harwood N. 2008. Publication outlets and their effect on academic writers' citations. Scientometrics, 77 (2): 253-265.

Haveliwala T H. 2002. Topic-sensitive pagerank. Proceedings of the 11th International Conference on World Wide Web (WWW '02): 517-526.

Hettich S, Pazzani M J. 2006. Mining for proposal reviewers: lessons learned at the national science foundation. Proceedings of the 12th ACM SIGKDD International Conference on Knowledge Discovery and Data Mining (KDD '06): 862-871.

Hilmer C E, Lusk J L. 2009. Determinants of citations to the agricultural and applied economics association journals. Review of Agricultural Economics, 31 (4): 677-694.

Hirsch J E. 2005. An index to quantify an individual's scientific research output. Proceedings of the National Academy of Sciences of the United States of America, 102 (46): 16569-16572.

Hofmann T. 1999. Probabilistic latent semantic indexing. Proceedings of the 22nd Annual International ACM SIGIR Conference on Research and Development in Information Retrieval (SIGIR '99): 50-57.

Hurley L A, Ogier A L, Torvik V I. 2014. Deconstructing the collaborative impact: article and author characteristics that influence citation count. Proceedings of the American Society for Information Science and Technology, 50 (1): 1-10.

Ibáñez A, Bielza C, Larrañaga P. 2013. Relationship among research collaboration, number of documents and number of citations: a case study in Spanish computer science production in 2000-2009. Scientometrics, 95 (2): 689-716.

Ibáñez A, Larrañaga P, Bielza C. 2009. Predicting citation count of bioinformatics papers within four years of publication. Bioinformatics, 25 (24): 3303-3309.

Ingwersen P, Larsen B, Carlos Garcia-Zorita J, et al. 2014. Influence of proceedings papers on citation impact in seven sub-fields of sustainable energy research 2005-2011. Scientometrics, 101 (2): 1273-1292.

Jabbour C J C, Jabbour A B L D S, De Oliveira J H C. 2013. The perception of Brazilian researchers concerning the factors that influence the citation of their articles: a study in the field of sustainability. Serials Review, 39 (2): 93-96.

Jacques T S, Sebire N J. 2010. The impact of article titles on citation hits: an analysis of general and specialist medical journals. JRSM Short Reports, 1 (1): 1-5.

Jahandideh S, Abdolmaleki P, Asadabadi E B. 2007. Prediction of future citations of a research paper from number of its internet downloads. Medical Hypotheses, 69 (2): 458-459.

Jamali H R, Nikzad M. 2011. Article title type and its relation with the number of downloads and citations. Scientometrics, 88(2): 653-661.

Janusz M E, Venkatasubramanian V. 1991. Automatic generation of qualitative descriptions of process trends for fault detection and diagnosis. Engineering Applications of Artificial Intelligence, 4(5): 329-339.

Jiang J, He D, Ni C. 2014. The correlations between article citation and references' impact measures: what can we learn?. Proceedings of the American Society for Information Science and Technology, 50(1): 1-4.

Johri N, Roth D, Tu Y. 2010. Experts' retrieval with multiword-enhanced author topic model. Proceedings of the NAACL HLT 2010 Workshop on Semantic Search(SS '10): 10-18.

Jordan M I. 2004. Graphical models. Statistical Science, 19(1): 140-155.

Karamon J, Matsuo Y, Yamamoto H, et al. 2007. Generating social network features for link-based classification. European Conference on Principles of Data Mining and Knowledge Discovery: 127-139.

Karimzadehgan M, White R W, Richardson M. 2009. Enhancing expert finding using organizational hierarchies. Proceedings of the 31th European Conference on IR Research on Advances in Information Retrieval(ECIR '09): 177-188.

Karimzadehgan M, Zhai C, Belford G. 2008. Multi-aspect expertise matching for review assignment. Proceedings of the 17th ACM Conference on Information and Knowledge Management(CIKM' 08): 1113-1122.

Karimzadehgan M, Zhai C. 2009. Constrained multi-aspect expertise matching for committee review assignment. Proceedings of the 18th ACM Conference on Information and Knowledge Management(CIKM '09): 1697-1700.

Karimzadehgan M, Zhai C. 2012. Integer linear programming for constrained multi-aspect committee review assignment. Information Processing & Management, 48(4): 725-740.

Kawamae N. 2010. Latent interest-topic model: finding the causal relationships behind dyadic data. Proceedings of the 19th ACM International Conference on Information and Knowledge Management(CIKM '10): 649-658.

Kleinberg J M. 1999. Authoritative sources in a hyperlinked environment. Journal of the ACM, 46(5): 604-632.

Koren Y, Bell R, Volinsky C. 2009. Matrix factorization techniques for recommender systems. Computer, 42(8): 30-37.

Kosmulski M. 2006. A new Hirsch-type index saves time and works equally well as the original h-index. The International Society for Informetrics and Scientometrics Newsletter, 2(3): 4-6.

Kou N M, Uu L H, Mamoulis N, et al. 2015. Weighted coverage based reviewer assignment. Proceedings of the 2015 ACM SIGMOD International Conference on Management of Data(SIGMOD '15): 2031-2046.

Kulkarni A V, Busse J W, Shams I. 2007. Characteristics associated with citation rate of the medical literature. PLOS One, 2(5): E403.

Lavrenko V, Schmill M, Lawrie D, et al. 2000. Language models for financial news recommendation. Proceedings of the 9th International Conference on Information and Knowledge

Management (CIKM '00): 389-396.

Leimu R, Koricheva J. 2005. What determines the citation frequency of ecological papers? . Trends in Ecology & Evolution, 20(1): 28-32.

Li C T, Lin Y J, Yan R, et al. 2015. Trend-based citation count prediction for research articles. Advances in Knowledge Discovery and Data Mining: 659-671.

Li D, Ding Y, Sugimoto C, et al. 2011. Modeling topic and community structure in social tagging: the TTR-LDA-Community model. Journal of the American Society for Information Science and Technology, 62(9): 1849-1866.

Li J, Tang J, Zhang J, et al. 2007. EOS: expertise oriented search using social networks. Proceedings of the 16th International Conference on World Wide Web (WWW '07): 1271-1272.

Li L, Wang Y, Liu G, et al. 2015. Context-aware reviewer assignment for trust enhanced peer review. PLOS One, 10(6): 1-28.

Li X, Watanabe T. 2013. Automatic paper-to-reviewer assignment, based on the matching degree of the reviewers. Procedia Computer Science, 22: 633-642.

Liu D R, Chen Y H, Kao W C, et al. 2013. Integrating expert profile, reputation and link analysis for expert finding in question-answering websites. Information Processing & Management, 49(1): 312-329.

Liu O, Wang J, Ma J, et al. 2016. An intelligent decision support approach for reviewer assignment in R&D project selection. Computers in Industry, 76: 1-10.

Liu X, Suel T, Memon N. 2014. A robust model for paper reviewer assignment. Proceedings of the 8th ACM Conference on Recommender Systems (RecSys '14): 25-32.

Livne A, Adar E, Teevan J, et al. 2013. Predicting citation counts using text and graph mining. Proceedings of iConference Workshop on Computational Scientometrics: Theory and Application: 1-4.

Long C, Wong R C W, Peng Y, et al. 2013. On good and fair paper-reviewer assignment. Proceedings of the 13th International Conference on Data Mining: 1145-1150.

van Eck N J, Waltman L, van Raan A F J, et al. 2013. Citation analysis may severely underestimate the impact of clinical research as compared to Bbasic research. PLOS One, 8(4): E62395.

Macdonald C, Hannah D, Ounis I. 2008. High quality expertise evidence for expert search. European Conference on Information Retrieval (ECIR '08): 283-295.

Macdonald C, Ounis I. 2006. Voting for candidates: adapting data fusion techniques for an expert search task. Proceedings of the 15th ACM International Conference on Information and Knowledge Management (CIKM '06): 387-396.

Mauro N D, Basile T M A, Ferilli S. 2005. GRAPE: an expert review assignment component for scientific conference management systems. International Conference on Industrial, Engineering and Other Applications of Applied Intelligent Systems: 789-798.

Mccabe M J, Snyder C M. 2015. Does online availability increase citations? Theory and evidence from a panel of economics and business journals. Review of Economics and Statistics, 97(1): 144-165.

Mckeown K, Daume H, Chaturvedi S, et al. 2016. Predicting the impact of scientific concepts using full-text features. Journal of the Association for Information Science and Technology, 67(11): 2684-2696.

Menzel H. 1966. Information needs and uses in science and technology. Annual Review of Information Science and Technology, 1(1): 41-69.

Miettunen J, Nieminen P. 2003. The effect of statistical methods and study reporting characteristics on the number of citations: a study of four general psychiatric journals. Scientometrics, 57(3): 377-388.

Mimno D, McCallum A. 2007. Expertise modeling for matching papers with reviewers. Proceedings of the 13th ACM SIGKDD International Conference on Knowledge Discovery and Data Mining(KDD '07): 500-509.

Minka T P. 2001. Expectation propagation for approximate Bayesian inference. The Conference on Uncertainty in Artificial Intelligence(UAI): 216-223.

Moreira C, Wicher A. 2013. Finding academic experts on a multisensor approach using Shannon's entropy. Expert Systems with Applications, 40(14): 5740-5754.

Mou H, Geng Q, Jin J, et al. 2015. An author subject topic model for expert recommendation. Asia Information Retrieval Symposium: 83-95.

Nezhadbiglari M, Gonçalves M A, Almeida J M. 2016. Early prediction of scholar popularity. Proceedings of the 16th ACM IEEE CS on Joint Conference on Digital Libraries: 181-190.

Ni C, Sugimoto C R, Jiang J. 2013. Venue‐author‐coupling: a measure for identifying disciplines through author communities. Journal of the American Society for Information Science and Technology, 64(2): 265-279.

Nomaler Ö, Frenken K, Heimeriks G. 2013. Do more distant collaborations have more citation impact?. Journal of Informetrics, 7(4): 966-971.

Oleinik A. 2014. Conflict(s) of interest in peer review: its origins and possible solutions. Science and Engineering Ethics, 20(1): 55-75.

Onodera N, Yoshikane F. 2015. Factors affecting citation rates of research articles. Journal of the Association for Information Science and Technology, 66(4): 739-764.

Padial A A, Nabout J C, Siqueira T, et al. 2010. Weak evidence for determinants of citation frequency in ecological articles. Scientometrics, 85(1): 1-12.

Page L, Brin S, Motwani R, et al. 1999. The pagerank citation ranking: bringing order to the web. Proceedings of the 7th International World Wide Web Conference: 161-172.

Patterson M S, Harris S. 2009. The relationship between reviewers' quality-scores and number of citations for papers published in the journal physics in medicine and biology from 2003-2005. Scientometrics, 80(2): 343-349.

Pavesi F, Scotti M. 2010. Experts, conflicts of interest, and the controversial role of reputation. Working Papers, University of Milano-Bicocca.

Perneger T V. 2004. Relation between online "hit counts" and subsequent citations: prospective study of research papers in the BMJ. British Medical Journal, 329(7465): 546-547.

Perneger T V. 2015. Online accesses to medical research articles on publication predicted citations up to 15 years later. Journal of Clinical Epidemiology, 68(12): 1440-1445.

Petkova D, Croft W B. 2008. Hierarchical language models for expert finding in enterprise corpora. International Journal on Artificial Intelligence Tools, 17(1): 5-18.

Pobiedina N, Ichise R. 2014. Predicting citation counts for academic literature using graph pattern mining. European Respiratory Journal, 45(4): 1027-1036.

Pobiedina N, Ichise R. 2016. Citation count prediction as a link prediction problem. Applied Intelligence, 44(2): 252-268.

Ponte J M, Croft W B. 1998. A language modeling approach to information retrieval. Proceedings of the 21st Annual International ACM SIGIR Conference on Research and Development in Information Retrieval (SIGIR '98): 275-281.

Puuska H M, Muhonen R, Leino Y. 2013. International and domestic co-publishing and their citation impact in different disciplines. Scientometrics, 98(2): 823-839.

Quinn T J, van der Pol C B, Mcinnes M D F, et al. 2015. Is quality and completeness of reporting of systematic reviews and meta-analyses published in high impact radiology journals associated with citation rates?. PLOS One, 10(3): E0119892.

Ramage D, Hal D, Nallapati R, et al. 2009. Labeled LDA: a supervised topic model for credit attribution in multi-labeled corpora. Proceedings of the 2009 Conference on Empirical Methods in Natural Language Processing (EMNLP '09): 248-256.

Rigaux P. 2004. An iterative rating method: application to web-based conference management. Proceedings of the 2004 ACM Symposium on Applied Computing (SAC '04): 1682-1687.

Robertson S E. 1977. The probability ranking principle in IR. Journal of Documentation, 33(4): 294-304.

Robson B J, Mousquès A. 2014. Predicting citation counts of environmental modelling papers. International Environmental Modelling & Software Society, 3: 1390-1396.

Rosenberg V. 1967. Factors affecting the preferences of industrial personnel for information gathering methods. Information Storage and Retrieval, 3(3): 119-127.

Rosen-Zvi M, Griffiths T, Steyers M, et al. 2004. The author-topic model for authors and documents. Proceedings of the 20th Conference on Uncertainty in Artificial Intelligence (UAI '04): 487-494.

Rostami F, Mohammadpoorasl A, Hajizadeh M. 2013. The effect of characteristics of title on citation rates of articles. Scientometrics, 98(3): 2007-2010.

Roth C, Wu J, Lozano S. 2012. Assessing impact and quality from local dynamics of citation networks. Journal of Informetrics, 6(1): 111-120.

Roy S B, Lykourentzou I, Thirumuruganathan S, et al. 2015. Task assignment optimization in knowledge-intensive crowdsourcing. The VLDB Journal, 24(4): 467-491.

Royle P, Kandala N B, Barnard K, et al. 2013. Bibliometrics of systematic reviews: analysis of citation rates and journal impact factors. Systematic Reviews, Biomed Central, 2(1): E1000326.

Salakhutdinov R, Mnih A, Hinton G. 2007. Restricted Boltzmann machines for collaborative filtering. Proceedings of the 24th International Conference on Machine Learning (ICML '07): 791-798.

Salton G, Wong A, Yang C S. 1975. A vector space model for automatic indexing. Communications of the ACM, 18(11): 613-620.

Sarwar B, Karypis G, Konstan J, et al. 2001. Item-based collaborative filtering recommendation algorithms. Proceedings of the 10th International Conference on World Wide Web (WWW '01): 285-295.

Schmitz H, Lykourentzou I. 2016. It's about time: online macrotask sequencing in expert crowdsourcing. ArXiv preprint arXiv: 1601. 04038.

Schneider J W, Henriksen D. 2013. Are larger effect sizes in experimental Studies good predictors of higher citation rates? A Bayesian examination. Proceedings of ISSI 2013,14th International Society of Scientometrics and Informetrics Conference, 1: 152-166.

Serdyukov P, Hiemstra D. 2008. Modeling documents as mixtures of persons for expert finding. Proceedings of the IR Research, 30th European Conference on Advances in Information Retrieval (ECIR'08): 309-320.

Shen H W, Wang D, Song C, et al. 2014. Modeling and predicting popularity dynamics via reinforced poisson processes. The 28th AAAI Conference on Artifical Intelligence, 14: 291-297.

Shi X, Leskovec J, Mcfarland D A. 2010. Citing for high impact. Joint Conference on Digital Library: 49-58.

Sidiropoulos N D, Tsakonas E. 2015. Signal processing and optimization tools for conference review and session assignment. IEEE Signal Processing Magazine, 32(3): 141-155.

Skilton P F. 2006. A comparative study of communal practice: assessing the effects of taken-for-granted-ness on citation practice in scientific communities. Scientometrics, 68(1): 73-96.

Skilton P F. 2009. Does the human capital of teams of natural science authors predict citation frequency?. Scientometrics, 78(3): 525-542.

Small H. 1981. The relationship of information science to the social sciences: a co-citation analysis. Information Processing & Management, 17(1): 39-50.

Smirnova E, Balog K. 2011. A user-oriented model for expert finding. European Conference on Advances in Information Retrieval: 580-592.

So M, Kim J, Choi S, et al. 2014. Factors affecting citation networks in science and technology: focused on non-quality factors. Quality & Quantity, 49(4): 1513-1530.

Soboroff I, Thomas P, Bailey P, et al. Overview of the TREC 2008 enterprise track. Proceedings of the Text Retrieval Conference (TREC): 1-12.

Soboroff I, de Vries A P, Craswell N. 2006. Overview of the TREC 2006 enterprise track. Proceedings of the Text Retrieval Conference (TREC): 1-20.

Song Y, Huang J, Councill I G, et al. 2007. Efficient topic-based unsupervised name disambiguation. Proceedings of the 7th ACM/IEEE-CS Joint Conference on Digital Libraries (JCDL '07): 342-351.

Stremersch S, Verniers I, Verhoef P C. 2007. The quest for citations: drivers of Aarticle impact. Journal of Marketing, American Marketing Association, 71(3): 171-193.

Su H, Tang J, Hong W. 2012. Learning to diversify expert finding with subtopics. Pacific-Asia Conference on Advances in Knowledge Discovery and Data Mining: 330-341.

Subotic S, Mukherjee B. 2013. Short and amusing: the relationship between title characteristics, downloads, and citations in psychology articles. Journal of Information Science, 40(1): 115-124.

Sun K, Wang X, Sun C, et al. 2013. A language model approach for tag recommendation. Expert System with Applications, 38(3): 1575-1582.

Sun Y H, Ma J, Fan Z P. 2008. A group decision support approach to evaluate experts for R&D project selection. IEEE Transactions on Engineering Management, 55(1): 158-170.

Tang J, Zhang J, Yao L, et al. 2008. Arnetminer: extraction and mining of academic social networks. Proceedings of the 14th ACM SIGKDD International Conference on Knowledge Discovery and Data Mining(KDD '08): 990-998.

Tang W, Tang J, Lei T, et al. 2012. On optimization of expertise matching with various constraints. Neurocomputing, 76(1): 71-83.

Tang X, Wang L, Kishore R. 2014. Why do is scholars cite other scholars? An empirical analysis of the direct and moderating effects of cooperation and competition among is scholars on individual citation behavior. The 35th International Conference on Information Systems: 1-18.

Tayal D K, Saxena P C, Sharma A. 2014. New method for solving reviewer assignment problem using type-2 fuzzy sets and fuzzy functions. Applied Intelligence, 40(1): 54-73.

Tong H, Faloutsos C, Pan J Y. 2006. Fast random walk with restart and its applications. Proceedings of the 6th International Conference on Data Mining(ICDM '06): 613-622.

Tu Y, Johri N, Roth D. et al. 2010. Citation author topic model in expert search. Proceedings of the 23rd International Conference on Computational Linguistics: 1265-1273.

van Wesel M, Wyatt S, Haaf Ten J. 2013. What a difference a colon makes: how superficial factors influence subsequent citation. Scientometrics, 98(3): 1601-1615.

Vanclay J K. 2013. Factors affecting citation rates in environmental science. Journal of Informetrics, 7(2): 265-271.

Walker D, Xie H F, Yan K K, et al. 2007. Ranking scientific publications using a model of network traffic. Journal of Statistical Mechanics: Theory and Experiment, (6): 6010-6019.

Wallach H M. 2006. Topic modeling: beyond bag-of-words. Proceedings of the 23rd International Conference on Machine Learning(ICML '06): 977-984.

Walters G D. 2006. Predicting subsequent citations to articles published in twelve crime-psychology journals: author impact versus journal impact. Scientometrics, 69(3): 499-510.

Wang D, Song C, Barabási A L. 2013. Quantifying long-term scientific impact. Science, 342(6154): 127-132.

Wang J, Hu X, Tu X, et al. 2012. Author-conference topic-connection model for academic network search. Proceedings of the 21st ACM International Conference on Information and Knowledge Management(CIKM '12): 2179-2183.

Wei X, Croft W B. 2006. LDA-based document models for ad-hoc retrieval. Proceedings of the 29th Annual International ACM SIGIR Conference on Research and Development in Information Retrieval(SIGIR '06): 178-185.

Wei W S. 1994. Time Series Analysis. Boston: Addison-Wesley.

Weng J, Lim E P, Jiang J, et al. 2010. Twitterrank: finding topic-sensitive influential twitterers. Proceedings of the 3rd ACM International Conference on Web Search and Data Mining(WSDM '10): 261-270.

White H D, Griffith B C. 1981. Author cocitation: a literature measure of intellectual structure. Journal of the American Society for Information Science, 32: 163-171.

Wiig K M. 1997. Knowledge management: where did it come from and where will it go?. Expert Systems with Applications, 13 (1): 1-14.

Willis D L, Bahler C D, Neuberger M M, et al. 2011. Predictors of citations in the urological literature. British Journal of Urology International, 107 (12): 1876-1880.

Witten I H, Bell T. 1991. The zero-frequency problem: estimating the probabilities of novel events in adaptive text compression. IEEE Transactions on Information Theory, 37 (4): 1085-1094.

Wu H, Li H, Zhang X, et al. 2008. Topic-sensitive link-ranking approach for academic expert recruiting. Proceedings of the 2008 International Multi-Symposiums on Computer and Computational Sciences (IMSCCS '08): 150-157.

Xiao S, Yan J, Li C, et al. 2016. On modeling and predicting individual paper citation count over time. Proceedings of the 25th International Joint Conference on Artificial Intelligence (IJCAI '16): 2676-2682.

Xu Y, Y Du. 2013. A three-layer network model for reviewer recommendation. The 6th International Conference on Business Intelligence and Financial Engineering: 552-556.

Xue N, Hao J X, Jia S L, et al. 2012. An interval fuzzy ontology based peer review assignment method. Proceedings of the 2012 IEEE 9th International Conference on e-Business Engineering: 55-60.

Yamron J. 1997. Topic detection and tracking segmentation task. Topic Detection and Tracking Workshop: 27-28.

Yan R, Huang C, Tang J, et al. 2012. To better stand on the shoulder of giants. Proceedings of the 12th ACM/IEEE-CS Joint Conference on Digital Libraries (JCDL '12): 51-60.

Yan R, Tang J, Liu X, et al. 2011. Citation count prediction: learning to estimate future citations for literature. ACM International Conference on Information and Knowledge Management: 247-1252.

Yang Z, Hong L, Davison B D. 2013. Academic network analysis: a joint topic modeling approach. Proceedings of the 2013 IEEE/ACM International Conference on Advances in Social Networks Analysis and Mining: 324-333.

Yu T, Yu G, Li P Y, et al. 2014. Citation impact prediction for scientific papers using stepwise regression analysis. Scientometrics, 101 (2): 1233-1252.

Yuen M C, King I, Leung K S. 2012. Task recommendation in crowdsourcing systems. Proceedings of the 1st International Workshop on Crowdsourcing and Data Mining: 22-26.

Yukawa T, Kasahara K, Kato T, et al. 2001. An expert recommendation system using concept-based relevance discernment. Proceedings of the 13th International Conference on Tools with Artificial Intelligence: 257-264.

Zhai C, Velivelli A, Yu B. 2004. A cross-collection mixture model for comparative text mining. Proceedings of the 10th ACM SIGKDD International Conference on Knowledge Discovery and Data Mining (KDD '04): 743-748.

Zhang J, Ackerman M S, Adamic L. 2007. Expertise networks in online communities: structure and algorithms. Proceedings of the 16th International Conference on World Wide Web (WWW '07): 221-230.

Zhang J, Tang J, Li J. 2007. Expert finding in a social network. Advances in Databases: Concepts, Systems and Applications: 1066-1069.

Zheng H T, Li Q, Jiang Y, et al. 2013. Exploiting multiple features for learning to rank in expert finding. International Conference on Advanced Data Mining and Applications (ADMA '13): 219-230.

Zhou G, Lai S, Liu K, et al. 2012. Topic-sensitive probabilistic model for expert finding in question answer communities. Proceedings of the 21st ACM International Conference on Information and Knowledge Management (CIKM '12): 1662-1666.

Zulkifeli W, Rusila W. 2013. Term frequency and inverse document frequency with position score and mean value for mining web content outliers. Universiti Putra Malaysia.

附录 1　EM 算法的核心代码

```
double[]  EM(
    int K,                 //K为AT模型预定义的主题数目
    int max_loop,          //max_loop为迭代的次数
    int wordMapLength,  //wordMapLength为词表的长度
    String[][] WordMap, //WordMap为词表
    double[][] phi         //double[][] phi为word*topic的概率){

    /** initalization **/
    //读取要估计主题的待评审论文;
    ArrayList docSing =(ArrayList)papers.get(0);

    //初始化特定待评审论文的主题向量;
    double pi[] = new double[topicNumber];
    for(int p = 0; p < topicNumber; p++){
        pi[p] = 1.0 / topicNumber;
    }

    double sum = 0.0;
    int count=0;




    for(int p = 0; p < papers.size(); p++){
        //循环遍历所有的待评审论文.
        ArrayList DocWordsNumber =(ArrayList)papers.get(p);

        //w_t is a matrix of word * topic.
```

```
double[][] w_t =
    new double[DocWordsNumber.size()][topicNumber];

for(int w = 0; w < w_t.length; w++){
    for(int t = 0; t < topicNumber; t++){
        w_t[w][t] = 1.0 / topicNumber;
    }
}


int iteration = 0;
while(iteration < max_loop){
    /* update p(z_(d,w)=t)*/
    for(int w = 0; w < DocWordsNumber.size(); w++){
        sum = 0.0;
        for(int t = 0; t < topicNumber; t++){
            w_t[w][t] = pi[t] * phi[t][DocWordsNumber.get(w)];
            sum += w_t[w][t];
        }
        /* normalization */
        for(int t = 0; t < topicNumber; t++)w_t[w][t] /= sum;
    }




    /* update pi */
    sum = 0.0;
    for(int t = 0; t < topicNumber; t++){
        pi[t] = 0;
        for(int w = 0; w < DocWordsNumber.size(); w++){
            pi[t] += w_t[w][t];
        }
        sum+=pi[t];
    }
```

```
        /* normalization  */
        for(int t=0;t<topicNumber;t++){
            pi[t]/=sum;
        }


        iteration++;
    }//end while
  }//end for
}
```

附录 2　AST 部分的核心代码

```
Pair<Integer, Integer> sampleFullConditional(
    int a,
    int j,
    int w,
    String word,
    int word_Id2){
    //首先sample subject。
    //选取的author中作者的subject大于五个。
    //获得当前的subject和topic

    int subject_de =subject[a][j][w];
    int topic_de =topic[a][j][w];

    //author中当前状态减1.
    ns[a][subject_de]--;

    //subject中当前的状态减1.
    nk[subject_de][topic_de]--;

    //作者和subject的总计数减1.
    nssum[a]--;
    nksum[subject_de]--;

    double[] subject_temp =newdouble[subject_num.size()];
    int author_num_a = author_num.get(a);
    List subjects_a = au_subjects.get(author_num_a);
    int subj_a_size = subjects_a.size();
    for(int h=0;h<subj_a_size;h++){
        int hh =this.subject_num_rev.get(subjects_a.get(h));
```

```
    /*
    *     核心步骤
    *     获得每个作者每一篇文档中每一个词的subject的概率。
    *     本处公式对应着论文最后获得subject的概率公式。
    */
    double left =(nk[hh][topic_de]+delta)/(nksum[hh]+k*delta);
    double right =
          (ns[a][hh]+alpha)/(nssum[a]+subj_a_size*alpha);
    subject_temp[h]= left * right;
}


// cumulate multinomial parameters
for(int s =1; s < subject_temp.length; s++){
    subject_temp[s]+= subject_temp[s -1];
}


// scaled sample because of unnormalised p[]
double u = Math.random()* subject_temp[subj_a_size -1];
for(int i=0;i<subj_a_size;i++){
    if(u < subject_temp[i]){
        subject_a =subject_num_rev.get(subjects_a.get(i));
        break;
    }
}


ns[a][subject_a]++;
nk[subject_a][topic_de]++;
nssum[a]++;
nksum[subject_a]++;

//开始sample topic。
//subject当前状态下减1.
nk[subject_a][topic_de]--;

//topic当前状态下减1
```

```
nw[topic_de][word_Id2]--;

//subject和topic的计数减1.
nksum[subject_a]--;
nwsum[topic_de]--;

double[] topic_temp =newdouble[k];
for(int x=0;x<k;x++){
     /*
     *     核心步骤
     *     获得每个作者每一篇文档中每一个词的topic的概率。
     *     本处公式对应着论文中最后获得的联合概率公式。
     */
     double left =
          (nw[x][word_Id2]+beta)/(nwsum[x]+word_Id.size()*beta);
     double right =
          (nk[subject_a][x]+delta)/(nksum[subject_a]+k*delta);
     topic_temp[x]= left * right;
}



// cumulate multinomial parameters
for(int z =1; z < topic_temp.length; z++){
     topic_temp[z]+= topic_temp[z -1];
}
u = Math.random()*topic_temp[k -1];
for(int t =0; t <k; t++){
     if(u < topic_temp[t]){
          topic_a = t;
          break;
     }
}


nk[subject_a][topic_a]++;
nw[topic_a][word_Id2]++;
```

```
nksum[subject_a]++;
nwsum[topic_a]++;

Pair<Integer,Integer> aa =
          new Pair<Integer,Integer>(subject_a,topic_a);

return aa;
}
```